Sind wir allein im Universum?

Paul Davies

Sind wir allein im Universum?

Über die Wahrscheinlichkeit außerirdischen Lebens

Aus dem Englischen von
Bernd Seligmann

Scherz

Die Originalausgabe erschien unter dem Titel
«Are We Alone?» bei BasicBooks, New York.

Zweite Auflage der Sonderausgabe 1998

Inhalt

Es gibt viele Welten

Nun ist es keineswegs als wahrscheinlich zu erachten,
da der Raum sich in jegliche Richtung unendlich erstreckt
und Samen in zahlloser Fülle im unergründlichen Ganzen
umherschwirren, getrieben zu steter Bewegung,
daß diese unsere Welt, Erde und Himmel
allein geschaffen wären
und all die Atome da draußen nichts täten,
zumal da doch unsere Welt selbst entstanden ist,
indem die Samen der Dinge aus eigenem Antrieb
zufällig zusammenstießen auf vielerlei Art,
blind und ziellos und oft vergebens,
bis endlich solche, die plötzlich verschmolzen,
zum Beginn wurden gewaltiger Dinge,
von Erde, Meer und Himmel und allem, was lebt.
Und so muß man wieder und wieder bekennen,
daß anderswo ähnliche Ansammlungen von Stoffen
existieren, so wie hier, vom Äther umarmt
in heißem Umfangen.
Wenn Stoffe zudem in Fülle vorhanden
und Raum, daß Atome sich regen können,
und kein Ding und kein Grund im Wege ist,
dann muß die Schöpfung geschehen, Dinge entstehen.
Ist nun der Samen in Fülle vorhanden,
im Leben nicht zählbar,
und wenn auch die Natur in der Lage bleibt, weiter
die Samen der Dinge an einem Ort
auf die gleiche Weise zusammenzubringen,

wie hier so geschehen: dann muß man bekennen,
daß andere Welten sind in anderen Teilen des Himmels
und andere Menschengeschlechter und Arten von Tieren.
Hinzu kommt, daß im Ganzen nichts einzig ist,
einzig geboren und einzig gewachsen,
sondern zu einer Rasse gehört mit vielen Gleichen.
Denke zunächst an die Lebewesen:
das Wild, das in Rudeln die Berge durchstreift,
die menschliche Rasse,
die stummen Schwärme schuppiger Fische
und alles, was Flügel hat.
Und so sind auch Himmel und Erde,
Sonne, Mond und Meer und was es noch gibt
nicht einzig, sondern unfaßbar an Zahl,
da auch sie natürlichen Körpers sind
und ihrer der tief verankerte Grenzstein des Lebens harrt
wie allen Dingen, die zahlreich vorhanden, Art für Art.

LUKREZ, römischer Dichter und Philosoph
De rerum natura, Zweites Buch, Z. 1052–1089

Vorwort

Die Frage, ob die Menschheit allein ist im Universum oder nicht, ist eine der ältesten der Philosophie und hat tiefen Einfluß auf unser Weltbild. Auch in den Naturwissenschaften ist sie in letzter Zeit immer wichtiger geworden. Fortschritte in Biochemie und Molekularbiologie verschaffen uns endlich Zugang zum Geheimnis um den Ursprung des Lebens. Die Astronomie beginnt Hinweise auf die Existenz und die physikalisch-chemische Beschaffenheit ferner Planeten zu liefern, während die Raumfahrt uns die direkte Suche nach Leben auf unseren Nachbarplaneten ermöglicht. Ein neues Großprojekt hat sich zudem das Ziel gesetzt, Radiosignale von fortgeschrittenen technischen Zivilisationen aufzuspüren, die irgendwo in unserer Galaxis existieren mögen. Es ist daher an der Zeit, genauer zu überlegen, welche Auswirkungen die Entdeckung außerirdischen Lebens darauf hätte, wie wir uns selbst und unsere Rolle im Kosmos sehen.

Ich versuche hier nicht, die Themen der Exobiologie oder des SETI-Projekts (SETI bedeutet Suche nach ExtraTerrestrischer Intelligenz) erschöpfend darzustellen; dazu gibt es eine Reihe von Büchern. Statt dessen werde ich mich mit den philosophischen

Annahmen befassen, die dem Glauben an und der Suche nach Leben außerhalb der Erde zugrunde liegen, und mit der Wirkung, die die Entdeckung fremder Lebensformen auf unsere Naturwissenschaften, unsere Religion und unser Menschenbild hätte.

Es gibt kaum einen Zweifel, daß die Entdeckung schon einer einzigen außerirdischen Mikrobe, die sich nachweislich unabhängig vom Leben auf der Erde entwickelt hat, unsere Sicht der Welt und unsere Gesellschaft so tiefgreifend ändern würde wie einst die von Kopernikus und Darwin eingeleiteten Revolutionen. Ein solcher Fund wäre mit Recht als die größte wissenschaftliche Entdeckung aller Zeiten zu bezeichnen. Der extremere Fall, der Empfang einer Botschaft aus dem All, wäre in seinen Auswirkungen für die Menschheit wohl überwältigend.

In Anbetracht der weitreichenden Bedeutung des SETI-Programms überrascht es, daß heute so wenig über die damit verbundenen philosophischen Fragen nachgedacht wird, steht dies doch in scharfem Kontrast zum spekulativen Denken früherer Generationen. Entgegen verbreitetem Glauben ist die Möglichkeit außerirdischen Lebens in vergangenen Epochen oft diskutiert und in ihren Konsequenzen analysiert worden. Der Historiker Michael Crowe schätzt, daß zwischen der griechischen Antike und 1917 einhundertsiebzig Bücher zu diesem Thema erschienen sind. Mein Buch ist ein Versuch, diese Diskussion wieder anzufachen und in den modernen wissenschaftlichen Kontext zu stellen, indem ich aufzeige, welche Aspekte der zeitgenössischen Wissenschaften und unserer Glaubenssysteme allgemein auf dem

Spiel stehen. Wir werden sehen, daß die Annahmen, von denen die SETI-Anhänger ausgehen, den Neodarwinismus an seinem wundesten Punkt treffen und Schlüsselfragen moderner Wissenschaft und Philosophie berühren, wie etwa den Niedergang mechanistischen Denkens und das Auftreten holistischer und ökologischer Weltanschauungen. Die Suche nach außerirdischem Leben stellt das herkömmliche Denkmodell eines sterbenden Universums in Frage, nach dem aller Wandel im Kosmos von den zerstörerischen Effekten des zweiten Hauptsatzes der Thermodynamik beherrscht wird. Sie ist ein Prüfstein der Gegentheorie eines progressiven, selbstorganisierenden Universums, die in den Werken Ilya Prigogines, Erich Jantschs und anderer verfochten wird.

Meine Darstellung ist für den Nichtwissenschaftler gedacht und versucht wissenschaftlichen Jargon, wo möglich, zu vermeiden. Hinweise auf weitere Lektüre befinden sich im Anhang.

Für interessante Diskussionen zu Themen, die in diesem Buch behandelt werden, danke ich John Barrow, David Blair, George Coyne, Frank Drake und Seth Shostak.

1

SETI – eine Geschichte im Überblick

Im Oktober 1992, anläßlich des fünfhundertsten Jahrestags der Ankunft von Christoph Kolumbus in Amerika, startete die US-Raumfahrtbehörde NASA ein umfangreiches Forschungsprogramm zur Suche nach außerirdischem intelligentem Leben (SETI). Seitdem setzen Wissenschaftler in der Hoffnung, Funksignale künstlichen Ursprungs zu empfangen, ein weltweites Netz von Radioteleskopen ein und belauschen damit Tausende von Sternsystemen.

Das Projekt Columbus, inzwischen in Projekt Phönix umbenannt, ist der jüngste in einer langen Geschichte von Versuchen, Leben und Intelligenz außerhalb der Erde zu finden. Die Idee, daß wir vielleicht nicht allein sind im Universum, ist nicht neu. Im vierten vorchristlichen Jahrhundert schrieb der griechische Philosoph Epikur in einem Brief an Herodot:

> Es gibt unzählige Welten, sowohl solche wie die unsere als auch andere. Da die Anzahl der Atome unendlich ist ... werden sie weit in den Weltraum hinausgetragen. Da die Atome, aus denen grundsätzlich eine Welt geschaffen werden oder zusammengesetzt sein kann, auf keiner einzigen Welt

> und auf keiner endlichen Zahl von Welten verbraucht werden ... spricht nichts gegen eine unendliche Anzahl von Welten ... Wir müssen akzeptieren, daß es auf allen Welten Lebewesen, Pflanzen und andere Dinge gibt, wie wir sie auf unserer Welt erblicken.

Die Theorie einer Vielzahl bewohnter Welten reicht bis zu den Anfängen rationalen Denkens und wissenschaftlicher Forschung zurück. Dies ist um so bemerkenswerter, als die griechische Kosmologie und andere frühe Modelle wenig mit dem wissenschaftlichen Bild gemeinsam haben, das wir uns heute vom Universum machen.

Mangels empirischer astronomischer Daten beruhten die Spekulationen der Griechen fast ausschließlich auf philosophischer Debatte. Es gab also genügend Raum für Meinungsverschiedenheiten. So lehnte Aristoteles den Gedanken an fremde Welten rundweg ab: «Die Welt muß einzig sein», schrieb er. «Mehrere Welten kann es nicht geben.»

Die Rechtfertigung des Glaubens an andere Welten war eng mit dem von Leukipp und Demokrit begründeten Atomismus verknüpft. Nach dieser Philosophie ist der Kosmos nichts als eine Ansammlung unzerstörbarer Teilchen, die in der Leere treiben. Da alle Dinge aus Atomen bestehen und Atome derselben Klasse identisch sind, folgt, daß ähnliche Atomverbindungen wie auf der Erde sich auch anderswo bilden können. Nach Worten, die nach dem römischen Historiker Diogenes Laertius von Leukipp stammen, sind die Welten so entstanden:

Viele Körper aller Art und Form tropfen aus der Unendlichkeit in eine große Leere. Dort kommen sie in einem einzigen Wirbel zusammen, in dem sie sich zu trennen beginnen und, gleich zu gleich, zu Gruppen formieren.

Den Glauben an die Pluralität der Welten übernahm auch der römische Dichter und Philosoph Lukrez, ebenfalls ein Atomist. Er wiederholte Epikurs Argument, in Anbetracht der unendlichen Anzahl von Atomen gebe es *kein ersichtliches Hindernis* für das Entstehen anderer Welten: «Wenn Materie im Überfluß bereitsteht, der Raum vorhanden ist und kein Hindernis existiert», dann würden andere Welten ganz natürlich entstehen. Dieses Argument aus der Antike steht im Mittelpunkt der heutigen SETI-Forschung. Setzt man einen quasi unerschöpflichen Vorrat an Materie und die Gleichförmigkeit der Natur voraus, dann sollte derselbe physikalische Prozeß, der zur Entstehung der Erde und des Sonnensystems geführt hat, auch anderswo ablaufen. Und unter geeigneten Bedingungen sollte sich Leben und Bewußtsein auf fremden Welten ungefähr in der gleichen Art entfalten wie bei uns.

Es ist im höchsten Maße unwahrscheinlich, daß diese Erde mit ihrem Himmel die einzige ist, die je erschaffen wurde ... Dies folgt aus der Tatsache, daß unsere Welt durch spontane und zufällige Kollisionen und durch mannigfaltiges, plan- und zielloses Zusammentreffen und Zusammenwachsen von Atomen entstanden ist, deren Kombination zur Schaffung von Erde, Himmel und allen Rassen von Lebewesen geführt hat.

Die griechischen Atomisten standen der Frage, ob andere Welten Leben beherbergen, offen gegenüber. Die Pythagoreer waren zum Beispiel der Ansicht, der Mond sei von uns überlegenen Wesen bewohnt. Später stellte auch der griechische Schriftsteller Plutarch (46–120) den Mond über die Erde und rätselte über Natur und Absichten der Mondbewohner. Die dunklen Gebiete der Mondoberfläche hielt er für Meere, was noch heute in der Namensgebung dieser Regionen (Mare) nachklingt, obwohl man inzwischen weiß, daß es in Wirklichkeit trockene Staubwüsten sind. Der Glaube an Mondbewohner blieb bis in die Neuzeit weit verbreitet und war noch im achtzehnten Jahrhundert Thema gelehrter Debatten.

Mit Anbruch der europäischen Renaissance nahm das Denken über außerirdisches Leben eine neue Wendung. Zunächst zeigte Kopernikus, daß die Erde nicht das Zentrum des Universums ist, sondern gemeinsam mit den anderen Planeten die Sonne umkreist. Danach offenbarten Teleskope bald Einzelheiten der Planetenoberflächen. Diese Entwicklungen führten unweigerlich zur Idee, die Planeten seien nicht einfach geheimnisvolle Himmelskörper, sondern *andere Welten*, die mehr oder weniger der Erde gleichen.

Führend in diesem Umdenken war der ehemalige Dominikanermönch und scholastische Philosoph Giordano Bruno. 1584 verließ Bruno Italien und ging nach Oxford, wo er kopernikanische Astronomie und die Existenz unendlich vieler bewohnter Welten lehrte. In seinem Buch *De l'infinito universo e mondi* (Das unendliche Universum und seine Welten) unterschied er wohl zwischen Sternen und Planeten, bestand aber darauf, daß beide Gestirntypen bewohnt seien. Bruno zog im wesentlichen philosophische und geometrische Argumente heran, um Aristoteles' Behauptung zu widerlegen, die Erde liege im Zentrum eines kugelförmigen Weltalls. Leider sah die Inquisition Brunos Ansichten als gefährlich an, und als er 1592 nach Italien zurückkehrte, wurde er verhaftet und endete wegen zahlreicher Ketzereidelikte auf dem Scheiterhaufen.

Die wissenschaftliche Revolution war jedoch schon in vollem Gange. So schloß Kepler, wie früher schon Plutarch, aus seinen Mondbeobachtungen auf direkte Parallelen zwischen der Erde und ihrem Trabanten. Kepler identifizierte Berge und schroffes Terrain und kehrte Plutarchs Interpretation ins Gegenteil, indem er die *hellen* Gebiete zu Meeren erklärte. Weiter spekulierte er, die Mondmänner seien «weit höher gewachsen» und wegen der langen, heißen Mondtage «von heftigerem Temperament als wir».

Als Galilei sein frisch erfundenes Teleskop auf den Himmel richtete, waren Spekulationen über bewohnte fremde Welten in aller Munde. Kepler mutmaßte, einer der großen Mondkrater sei ein Werk der Mondbewohner *(Seleniten)* und diese hätten sogar Städte gebaut. Galileis Entdeckung von vier Jupitermonden bestärkte ihn in seinem Glauben, Gott habe die Monde zum Nutzen der *Jovianer* geschaffen:

> Unser Mond existiert für uns auf der Erde, nicht für die anderen Globen, und diese vier kleinen Jupitermonde sind für Jupiter da, nicht für uns. Jeder Planet, einschließlich seiner Bewohner, hat seine eigenen Trabanten. Daraus folgt mit höchster Wahrscheinlichkeit, daß Jupiter bewohnt ist.

Im siebzehnten Jahrhundert erschien sowohl im katholischen als auch im protestantischen Europa eine Reihe von Schriften, die sich über die Bedeutung der neuen Astronomie und die dadurch veränderte Weltsicht ausließen. Die damaligen Kommentatoren, stets die Kirche und die theologische Dimension ihrer Spekulationen vor Augen, taten sich schwer mit der Vorstellung anderer bewohnter Welten. Galilei etwa äußerte sich in seinem *Dialogo* von 1632 nur vorsichtig darüber, ob der Mond und die Planeten Bewohner wie uns beherbergen könnten. Dagegen argumentierte der englische Priester (später Bischof) John Wilkins in seinem 1638 veröffentlichten Werk *Discovery of a world in the moone* (Die Entdeckung der Mondwelt) nachdrücklich für die Existenz von Mondbewohnern. Wilkins bestand darauf, sein Glaube stehe nicht im Widerspruch zur Bibel. Kepler wiederum wies früh auf die theologischen Gefahren der Idee fremder Welten hin: «Wenn es Himmelskörper ähnlich der Erde gibt ... wie können dann alle Dinge nur für den Menschen da sein? Wie kann uns die Natur untertan sein?» (1610).

Am Ende des siebzehnten Jahrhunderts veröffentlichte der holländische Astronom und Physiker Christian Huygens eine ausführliche Abhandlung über außerirdisches Leben. Unter dem Titel *Cosmotheoros* ließ er seiner Phantasie freien Lauf. Huygens schrieb zum Beispiel, es stehe einer gutgesinnten Gottheit wohl an, anderen Welten Leben und intelligente Geschöpfe zu schenken. Seine Betrachtungen ließen ihn zwar zweifeln, ob der Mond die geeignete Umgebung für Leben sei, doch die Existenz der Jovianer, Saturnier und Merkurier erklärte er für bewiesen. Er ging sogar so weit, deren Charakterzüge zu beschreiben.

Die Teleskope enthüllten nicht nur die Geheimnisse des Sonnensystems. Indem Galilei die Milchstraße in einzelne Sterne auflöste, bescherte er der Menschheit einen ersten Eindruck von der Unermeßlichkeit des Universums mit Milliarden von Sonnen, von denen viele ihre eigenen Planetensysteme haben mochten. Isaac Newton stellte diese Beobachtungen auf eine solide Basis. Seine Entdeckungen der Bewegungsgesetze und der Gravitation erlaubten eine fundierte theoretische und mathematische Analyse der Struktur des Universums. Newtons Gesetz der universell wirksamen Gravitation bedeutete, daß andere Sterne oder Sonnen den gleichen physikalischen Prozessen unterliegen wie unser Sonnensystem und daß die Sterne daher ihre eigenen Planetensysteme haben könnten.

Obwohl es noch ein Jahrhundert dauern sollte, bis Pierre Laplace eine plausible wissenschaftliche Theorie über den Ursprung des Sonnensystems vorschlagen konnte (die auf andere Sternsysteme übertragbar war), machten sich Newtons Zeitgenossen gleich daran, seine Ideen in ihre Spekulationen um fremde Welten einzubinden. In England zog Richard Bentley Newtons Gedankengebäude zu seinen Versuchen heran, Gottes Hand im physikalischen Universum nachzuweisen. Dabei stieß Bentley direkt auf das Problem außerirdischen Lebens. Er argumentierte, Gott könne so viele Sterne nicht allein für den Menschen geschaffen haben. Folglich müßten sie zum Nutzen anderer Wesen in ihrer jeweiligen Umgebung existieren:

> Wenn die Erde in erster Linie als Heimat, zum Dienste und zur Besinnung für den Menschen geschaffen ist, warum sollten dann nicht alle anderen Planeten für die gleichen Zwecke da sein, jeder für seine eigenen lebendigen und verständigen Bewohner!

Huygens fragte im gleichen Sinne:

> Warum sollen wir dann nicht ... den Schluß ziehen, daß unser Stern nicht belebter ist als die anderen? Was wir so gerne von den Planeten (unserer Sonne) annehmen, müssen wir doch auch all den Planeten zugestehen, welche die ungeheure Zahl von (anderen) Sonnen umrunden.

Der Glaube, das Universum sei voller bewohnter Planeten, blieb das siebzehnte Jahrhundert hindurch populär, so daß der große Philosoph des achtzehnten Jahrhunderts, Immanuel Kant, ausgiebig darüber schreiben konnte, ohne zu fürchten, sich zum Narren zu machen. In Kants kosmologischem Schema hat das Universum ein Zentrum und einen Rand, und das Wesen der Kreaturen, die fremde Welten bewohnen, hängt von ihrer Entfernung vom Zentrum ab. Zentrumsnahe Materie ist dick und klumpig, wogegen sie am Rand dünner und feiner wird, was sich in der Mentalität der Bewohner der verschiedenen Regionen widerspiegeln sollte.

Im neunzehnten Jahrhundert konnten Astronomen und Physiker ein genaueres und vollständigeres Bild des Universums entwickeln. Geologen zeigten, daß die Erde viele Milliarden Jahre alt ist, und Charles Darwin beförderte die Frage nach Ursprung und Evolution des Lebens auf der Erde ins Zeitalter der modernen Wissenschaft. Theologische Überlegungen verschwanden fast völlig aus der Arena wissenschaftlicher Forschung. Vielleicht mit Ausnahme von Venus und Mars erwiesen sich die Planeten und Monde des Sonnensystems als der Erde recht unähnlich und aller Wahrscheinlichkeit nach extrem lebensfeindlich. Mangels einer überzeugenden Theorie über den Ursprung des Sonnensystems konnte niemand sicher sein, ob es Planeten in Umlaufbahnen um andere Sterne gibt. Und noch heute gibt es kein Teleskop, das stark genug wäre, Planeten außerhalb des Sonnensystems zu zeigen.

Außerirdische Wesen blieben dennoch im Gespräch. Michael Crowe kommentiert die wissenschaftliche Debatte über außerirdisches Leben in der ersten Hälfte des neunzehnten Jahrhunderts in folgender Weise:

Bemerkenswert ist vor allem, wie verbreitet die Diskussion war. Von Kapstadt bis Kopenhagen, von Dorpat bis Dundee, von Sankt Petersburg bis Salt Lake City redeten Erdlinge über Außerirdische. Ihre Thesen erschienen in Büchern und Streitschriften, in Groschenblättern und gediegenen Zeitschriften, in Predigten und Bibelkommentaren, in Gedichten und Dramen, ja sogar in einem Kirchenlied und auf Grabsteinen. Oxford-Professoren und Observatoriumsdirektoren, Schiffskapitäne und Staatsoberhäupter, radikale Reformer und konservative Hinterwäldler, Wissenschaftler und Weise, Orthodoxe und Heterodoxe – jeder hatte etwas zu sagen.

Erst im späteren neunzehnten Jahrhundert stellte sich ein neues Klima von nüchterner Strenge und Skepsis ein, in dem wildes Spekulieren über die Existenz außerirdischer Wesen verpönt war. 1853 veröffentlichte der Philosoph William Whewell, Vorsteher am Trinity College in Cambridge und einstmals Anhänger der Theorie fremder bewohnter Welten, ein anonymes Traktat mit dem Titel *Die Pluralität der Welten*, in dem er die Vorstellung mit philosophischen, theologischen und wissenschaftlichen Argumenten angriff. Es folgte eine intensive Debatte, in der neben wissenschaftlichen Fragen die Auswirkungen der Existenz von Außerirdischen auf die christliche Religion diskutiert wurden. Wie Crowe beschreibt, «sahen sich Leute von tiefer religiöser Überzeugung nicht mit Ungläubigen, sondern mit ebenso ernsthaft religiösen Menschen in eine Debatte über ein Thema verwickelt, das von vielen als ein Problem der Astronomie betrachtet wurde».

Gleichzeitig begannen die Astronomen die Idee anderer bewohnter Welten zu verwerfen, da sich die Erkenntnisse dagegen allmählich häuften. Auch das philosophische Argument, fremde Welten müßten bewohnt sein, einfach weil sie existierten, verlor allmählich an Kraft. Um die Jahrhundertwende sah es in den Augen vieler Wissenschaftler so aus, als seien wir allein im Universum. Es gab jedoch Ausnahmen. Der italienische Astronom Giovanni Schiaparelli hatte 1877 nach ausgiebigen Beobachtungen berichtet, es gebe dunkle Linien auf der Marsoberfläche. Er wählte das malerische Wort *canali* für diese Linien, weshalb man seither auf der ganzen Welt von Marskanälen sprach, die irgendwer gebaut haben mußte. Voller Aufregung forschten die Astronomen dann nach Spuren von Leben auf dem roten Planeten. Es erschienen Marskarten, die ausgedehnte Kanalnetze zeigten. Der amerikanische Astronom Percival Lowell richtete sein Observatorium in Arizona ein, wo man sich hauptsächlich mit dem Studium der Marskanäle beschäftigte, und schrieb später begeistert: «Daß der Mars von irgendwelchen Wesen bewohnt ist, ist ebenso sicher, wie es unsicher ist, welcher Art diese Wesen sind.»

Als ein Planet, der nur etwas kleiner ist als die Erde und eine, wenn auch dünne, Atmosphäre besitzt, war Mars ein guter Kandidat für solche Spekulationen. Obwohl er weiter von der Sonne entfernt ist, kann seine Oberflächentemperatur über den Gefrierpunkt von Wasser steigen. Darüber hinaus konnten die Astronomen Polkappen wie auf der Erde erkennen. Sorgfältige Beobachtungen offenbarten zudem jahreszeitliche Veränderungen von Farben und Mustern auf der Marsoberfläche, die man ohne weiteres auf Vegetation zurückführen konnte. Es klang recht plausibel, daß die Marsmenschen in ihrer Not Kanäle gebaut hatten, um Schmelzwasser von den Polkappen zu den Äquatorialgebieten zu befördern, wo das wärmere Klima besseren und schnelleren Pflanzenwuchs zuließ.

All diese Mutmaßungen ließen Mars, im Gegensatz zu unserer fruchtbaren und ausgeglichenen Erde, als einen Planeten im Zustand fortgeschrittener Degeneration erscheinen, dessen Bewohner gezwungen waren, überlegene Techniken zu entwikkeln, um ihre gefährdete Zivilisation am Leben zu erhalten. Der Glaube an verzweifelte Marsmenschen war bald weit verbreitet und sorgte dafür, daß H. G. Wells' Klassiker *Krieg der Welten*, in dem die Marsmenschen schließlich unseren lieblicheren Planeten überfallen, bei seinem Erscheinen 1898 überall empfängliche Leser fand.

In der ersten Hälfte des zwanzigsten Jahrhunderts vollzog sich die Diskussion um außerirdisches Leben fast nur noch in literarischer Form. Die Geschichten hatten zwar einen wissenschaftlichen Anstrich, gehörten jedoch für jeden erkenntlich ins Reich der Phantasie. Das öffentliche Bewußtsein zu diesem Thema änderte sich erst wieder im Zweiten Weltkrieg. Waffenentwicklungen für den Luftkrieg – vor allem das Düsenflugzeug, Radar, Raketen und die Atombombe – machten die Menschen auf die Gefahren aufmerksam, die vom Himmel drohten. Von der V2-Rakete zum interplanetaren Raumschiff mit furchtbar bewaffneten Außerirdischen an Bord schien es nur ein kleiner Schritt zu sein. Science-fiction-Autoren, Heftchenzeichner und Filmproduzenten stürzten sich auf diese Ängste, und das Zeitalter der Weltraummärchen, von *Superman* bis *Krieg der Sterne*, war bald in vollem Gange.

Die Nachkriegsjahre waren auch die Zeit, in der sich Berichte über unidentifizierbare Flugobjekte (Ufos) zu häufen begannen. Viele Menschen kamen zur Überzeugung, die Erde würde regelmäßig von Außerirdischen in fliegenden Untertassen besucht. Nach den Starts der ersten von Menschen gebauten Satelliten und der Entwicklung der bemannten Raumfahrt, die in den Mondlandungen gipfelte, nahm man die Möglichkeit ausgedehnter Reisen durch den Weltraum als gegeben hin. Heute fällt es der Öffentlichkeit nicht schwer, an außerirdische Wesen zu glauben, die in hypertechnischen Raumschiffen durch die Galaxis fegen.

Auch unter Wissenschaftlern hat der Kriegs- und Nachkriegsboom in Naturwissenschaft und Technologie das Interesse an außerirdischem Leben neu belebt. Bedeutende Faktoren dieser Wiedergeburt waren die Entwicklung der Molekularbiologie und die damit einhergehenden Fortschritte in unserem Verständnis der chemischen Grundlagen des Lebens, besonders die Entdeckung der DNS-Struktur in den fünfziger Jahren und die darauf folgende Entschlüsselung des genetischen Codes. Der Ursprung des Lebens wurde zum Objekt ernsthafter Forschung, was zu wuchernden Spekulationen darüber führte, wie Wissenschaftler «Leben im Reagenzglas» produzierten. In ihrem berühmten Experiment von 1953 simulierten Stanley Miller und Harold Urey an der Universität von Chicago die Bedingungen, die nach ihrer Ansicht vor vier Milliarden Jahren auf der Erde geherrscht haben. Sie füllten eine Ampulle mit einer Mischung aus Wasser, Methan und Ammoniak und zündeten darin elektrische Entladungen. Nach einigen Tagen verfärbte sich die Flüssigkeit rotbraun und enthielt mehrere Aminosäuren – organische Moleküle, die man in allen lebenden Organismen der Erde findet.

Obwohl das Miller-Urey-Experiment weit von der künstlichen Erzeugung von Leben entfernt war, vermittelte es den Eindruck, wenn sich die Grundbausteine in nur wenigen Tagen produzieren ließen, so sei es nur eine Frage der Zeit, bis sich daraus lebende Organismen bilden würden. Viele Wissenschaftler kamen zur Auffassung, daß Leben – vorausgesetzt, es herrschen die richtigen Bedingungen und es gibt die richtige Ursuppe – im Laufe von Jahrmillionen irgendwann spontan zustande kommen müsse. Wenn sich dies auf der Erde ereignet hatte, konnte es auch auf anderen Planeten geschehen sein.

Hatten die Biologen es erleichtert, an außerirdisches Leben zu glauben, so machten die Astronomen und Physiker es immer schwerer. Je mehr man über unsere Schwesterplaneten im Sonnensystem lernte, desto unwahrscheinlicher erschien es, daß sie Leben beherbergen. Auf allen Planeten mit Ausnahme des Mars herrschen Bedingungen, die für irdische Organismen tödlich wären. Im Jahre 1976 führte die NASA eine gezielte Suche nach Leben auf dem Mars durch, als sie zwei Viking-Raumsonden auf der Marsoberfläche landen ließ. An Bord befanden sich Geräte, die auf die Anwesenheit von erdähnlichen Mikroorganismen im Marsboden reagieren sollten. Die Ergebnisse waren negativ oder bestenfalls nicht eindeutig, und mit Sicherheit war keine Spur irgendwelcher künstlicher Strukturen und keinerlei Hinweis auf große Pflanzen oder Tiere zu finden. Die meisten Wissenschaftler haben den Mars daher als mögliche Lebensstätte abgeschrieben.

Wenn man sich nur um Leben der Art kümmert, wie wir es auf der Erde kennen, dann muß man wohl außerhalb des Sonnensystems suchen, doch aufgrund der riesigen Entfernungen zu den Sternen besteht auf absehbare Zeit keine Aussicht, daß ein irdisches Raumfahrzeug einen Planeten außerhalb des Sonnensystems erreicht. Nach dem, was Astronomen und Physiker heute über Sterne wissen, käme ohnehin nur ein kleiner Teil der Sterne als Lebenspender in Betracht. Der nächste geeignete Stern mit einem erdähnlichen Planeten ist vielleicht Dutzende oder gar Hunderte von Lichtjahren entfernt. (Ein Lichtjahr ist etwa zehn Billionen Kilometer. Die Sonne ist dagegen nur 8,3 Lichtminuten oder 150 Millionen Kilometer entfernt.)

Die durch die enormen Entfernungen zwischen den Sternen gegebene Barriere kannte man schon in den fünfziger Jahren. Im selben Jahrzehnt entwikkelte sich jedoch die neue Wissenschaft der Radioastronomie. Schnell kamen die Astronomen auf den

Gedanken, daß Radioteleskope, die Pulse aus der ganzen Galaxis empfangen können, auch bestens geeignet wären, auf Signale künstlichen Ursprungs zu lauschen – Signale außerirdischen Lebens.

Radioteleskope sind so empfindlich, daß eine Antennenschüssel vom Format des Arecibo-Teleskops in Puerto Rico mit einem ähnlichen Gerät am anderen Ende unserer Galaxis (deren Durchmesser hunderttausend Lichtjahre beträgt) kommunizieren könnte. Das Problem der Entfernungen war damit vielleicht gelöst, doch sogleich sah man sich einer neuen Schwierigkeit gegenüber. Die Milchstraße enthält etwa 100 Milliarden Sterne. Es würde also eine Ewigkeit dauern, jeden davon «abzuhören». Schlimmer noch, es gibt Milliarden verschiedener Frequenzbänder, auf denen ein Signal gesendet werden könnte. Woher sollten die Astronomen wissen, welche Frequenzen die Außerirdischen benutzen? Die Situation erschien hoffnungslos.

Doch 1959 bewirkten der italienische Astronom Giuseppe Cocconi und der amerikanische Physiker Philip Morrison eine neuerliche Wendung. In ihrem berühmten Artikel in der Zeitschrift *Nature* argumentierten die beiden Forscher, fremde Wesen würden es uns so leicht wie möglich machen, ihr Signal zu identifizieren, wenn sie wirklich mit uns Kontakt aufnehmen wollten. Sie würden vermutlich eine Übertragungsfrequenz wählen, die hier wie dort als etwas Besonderes gälte. Wenn sowohl der Sender als auch der Empfänger Radioteleskope benutzen, wäre es sinnvoll, eine Frequenz auszusuchen, die unter Radioastronomen wohlbekannt ist. Als solche bietet sich unmittelbar die Frequenz des sogenannten «Wasserstoffsingens» an. Sie beträgt 1420 Mega-Hertz und wird durch eine Zustandsveränderung in Wasserstoffkernen erzeugt. Jedem Radioastronomen ist dieses allgegenwärtige Signal als natürlicher Hintergrund bekannt. Natürlich würde ein künstliches Signal bei dieser Frequenz leicht im Rauschen versinken. Es wäre also sinnvoller, genau das Doppelte oder die Hälfte der Wasserstofffrequenz zu benutzen. Auch wenn noch eine bestimmte Auswahl bleibt, konnte man durch solche Überlegungen die Unzahl der Frequenzen erheblich einschränken, und plötzlich erschien es wieder möglich, mit Mitteln der Radioastronomie nach intelligenten Wesen zu fahnden.

Die erste ernsthafte Suche nach außerirdischen Funkübertragungen wurde von dem amerikanischen Astronomen Frank Drake mit einem 26-Meter-Radioteleskop in West Virginia unternommen. Im Rahmen des inzwischen berühmten Projekts Ozma (nach der legendären Prinzessin von Oz) horchte Drake im 1420-MHz-Band zwei verdächtige, relativ nahe sonnenähnliche Sterne ab, Tau Ceti und Epsilon Eridani, und fand nichts Bemerkenswertes. Dennoch machte das Projekt auf die Möglichkeit fremder Signale und die enormen philosophischen Konsequenzen aufmerksam, die der Erfolg einer solchen Suche nach sich zöge. Drakes Projekt wurde zum Prototyp für zahlreiche ähnliche Versuche in verschiedenen Ländern, die schließlich im Projekt Phönix ihren Höhepunkt erreichten. Seit Drakes Pionierarbeit hat sich die Technik derart weiterentwickelt, daß es nun möglich ist, sehr schnell Tausende von Zielsternen auf Millionen «wahrscheinlicher» Frequenzen abzuhören und die Meßdaten elektronisch zu sammeln und zu analysieren. So braucht niemand mehr an Knöpfen zu drehen und dabei auf ein ganz bestimmtes Signal zu horchen. (Mehr über das Projekt Phönix in Anhang 1.)

Bisher gibt es keine bestätigten Berichte über außerirdische Funkübertragungen, nur eine Reihe von falschen Alarmen. Der bekannteste darunter ereignete sich 1967, als Jocelyn Bell, eine Forschungsstudentin in Cambridge, ein regelmäßig pulsierendes Signal empfing, das aus dem Weltraum zu kommen schien. Sie benachrichtigte ihren Doktorvater, Anthony Hewish, der entschied, nichts zu veröffentlichen, bis sie wußten, ob das Signal natürlichen oder menschlichen Ursprungs war – oder gar von einem Funkfeuer auf einem fremden Planeten stammte. Bald wurde klar, daß die Quelle wohl nicht auf der Erde zu suchen war, da sie sich im Rhythmus von Sterntagen, nicht von Sonnentagen meldete. (Ein Sterntag ist die Zeit einer Erdumdrehung in bezug zu den Fixsternen. Wegen der Bewegung der Erde um die Sonne ist der Sterntag etwa vier Minuten kürzer als der Sonnentag.) Hewish registrierte die Quelle provisorisch unter der Bezeichnung LGM (für *Little Green Men*, «kleine grüne Männer»). Nach einigen Monaten kam er zum Schluß, sie könne nicht auf einem Planeten liegen, der einen Stern umkreist, da sich in ihrer Pulsperiode keine bewegungsbedingte Variation zeigte. Es mußte sich also um ein natürliches Phänomen handeln. Die Bestätigung dafür lieferte die Entdeckung einer zweiten periodischen Quelle durch die Gruppe. Bald darauf wurden solche pulsierenden Objekte, sogenannte Pulsare, als rotierende Neutronensterne identifiziert.

Bevor ich diesen kurzen Überblick abschließe, möchte ich eine vollkommen andere Forschungsrichtung erwähnen, die Suche nach Hinweisen auf primitive Lebensformen in außerirdischem Gestein. Die negativen Ergebnisse der Viking-Expeditionen zum Mars habe ich schon angesprochen, doch auch Stücke vom Mond, die mit den Apollo-Missionen zur Erde kamen, sind gründlich auf Mikroorganismen überprüft worden, ebenfalls ohne Erfolg. Mehr Aufregung verursachten Meteoriten, in denen man Hinweise auf außerirdische Mikroben fand. Der Murchinson-Meteorit, der 1969 in Australien niederging, wurde intensiv auf biologische Spuren untersucht. Dabei stellte man Dutzende von Aminosäuren fest, darunter viele, die gewöhnlich in irdischen Organismen zu finden sind. Es gab auch Hinweise auf versteinerte Einzeller, die in den Augen des britischen Astronomen Fred Hoyle den klaren Beweis für die Existenz außerirdischen Lebens darstellen. Die meisten Wissenschaftler bleiben jedoch skeptisch.

Zweifellos wäre die einwandfreie Entdeckung etwa einer harmlosen, lebenden Bakterie in einem Meteoriten äußerst aufregend und wichtig. Allerdings muß eine solche Entdeckung nicht unbedingt bedeuten, daß sich irgendwo anders im Universum unabhängig Leben entwickelt hat. Die Erde und ihre Nachbarplaneten im Sonnensystem stehen ja unter ständigem Beschuß von Asteroiden und Kometen. In

Abständen von wenigen Millionen Jahren ist ein Einschlag jeweils massiv genug, um erhebliche Mengen an Material aus der Erdkruste in den Weltraum zu befördern. Ähnlich ergeht es den anderen Planeten, und irgendwann erreichen Trümmer von einem Planeten auch einen anderen. Zwischen den Planeten findet also ein ständiger Materieaustausch statt. So stammen manche der Meteoriten, die die Erde getroffen haben, vermutlich vom Mond oder gar vom Mars. Ebenso sind Stücke der Erde wahrscheinlich schon auf dem Mars gelandet.

Möglicherweise können Mikroorganismen recht lange im Weltraum überleben, wenn sie auf ihrer Reise in schützendes Gestein gehüllt sind. Auf der Erde hat man in den letzten beiden Jahren Mikroben in mehreren Kilometern Tiefe gefunden. Diese Organismen leben durch ganz andere chemische und physikalische Prozesse als solche an der Oberfläche. Manche Schätzungen legen nahe, daß unterirdisches Leben weiter verbreitet ist und vielleicht eine größere Biomasse darstellt als Oberflächenleben. Es ist denkbar, daß das Leben tief im Inneren unseres Planeten seinen Ursprung hat und erst an die Oberfläche kam, als die Bedingungen dafür günstig waren.

Solche Entdeckungen weisen darauf hin, daß es möglicherweise auch tief unter der Marsoberfläche Leben gibt. Das Leben könnte sich im Asteroidenverkehr von der Erde zum Mars fortgepflanzt haben. Umgekehrt könnte Leben auch zuerst auf dem Mars entstanden und durch denselben Mechanismus zur Erde gelangt sein. Mars- und Erdenleben hätten also einen gemeinsamen Ursprung. Und dann wäre es na-

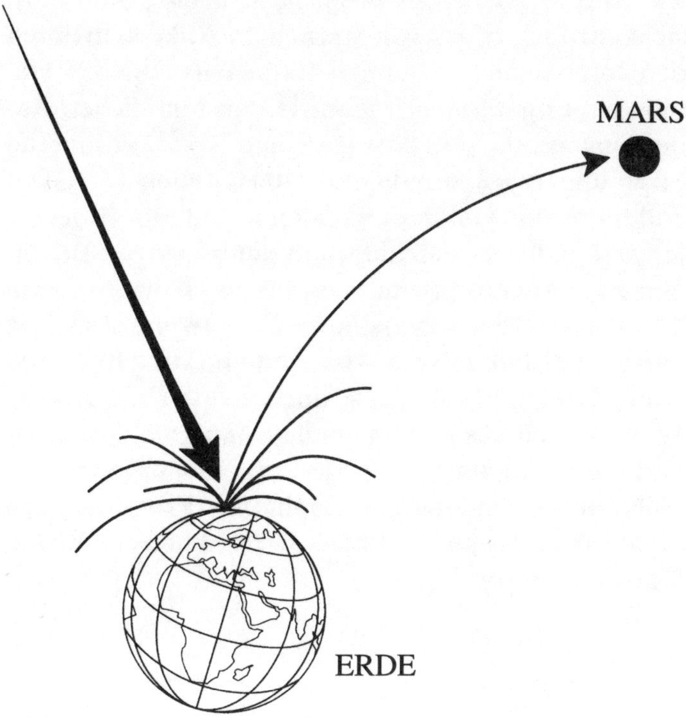

Asteroiden, die die Erde treffen, befördern Material in den Weltraum, von dem schließlich etwas auf dem Mars landen könnte. Umgekehrt findet Marsgestein seinen Weg zur Erde. Es ist vorstellbar, daß auch Mikroorganismen auf diese Weise von Planet zu Planet gelangen.

türlich auch möglich, daß das Leben von ganz woanders stammt (zum Beispiel aus Kometenmaterial oder gar aus einem anderen Sternsystem) und auf unbekanntem Wege zur Erde (und vielleicht zum Mars) gekommen ist. Eine Hypothese in dieser Richtung wurde vor hundert Jahren vom schwedischen Chemiker Svante Arrhenius propagiert, nach dessen Ansicht der Lichtdruck von Sternen die Mikroben durch den interstellaren Raum befördert hat. So könnte, falls die Organismen irgendwie den feindlichen Bedingungen im Weltraum (extreme Kälte, kosmische Strahlung usw.) standhielten, das Leben irgendwo anders in der Galaxis entstanden und zur Erde gelangt sein, wo es sich aufgrund der günstigen Bedingungen entwickeln und vermehren konnte. Diese Theorie von der sogenannten *Panspermie* wurde in den letzten Jahren vom Astronomen Fred Hoyle und vom Molekularbiologen Francis Crick aufgegriffen. Wenn Leben aus einer gemeinsamen Quelle stammt und überall in der Milchstraße existiert, ergeben sich vollkommen andere philosophische Konsequenzen als aus der Existenz außerirdischen Lebens unabhängigen Ursprungs.

2

Außerirdische Mikroben

Zur Zeit ist der Ursprung des Lebens ein tiefes Mysterium, doch das heißt natürlich nicht, daß dies immer so bleiben wird. Ohne Zweifel sind die physikalischen und chemischen Prozesse, die zum Übergang vom Nicht-Leben zum Leben führten, enorm kompliziert. Es überrascht daher nicht, daß es noch keinen Weg gibt, diese Prozesse mit mathematischen Modellen zu beschreiben oder im Labor zu reproduzieren. Angesichts dieser grundlegenden Schwierigkeit kann man drei philosophische Standpunkte zum Ursprung des Lebens unterscheiden: 1. Es war ein Wunder. 2. Es war ein äußerst unwahrscheinlicher Zufall. 3. Es war ein unter geeigneten Bedingungen unausweichliches Resultat physikalischer und chemischer Gesetzmäßigkeiten.

Ich will gleich klarstellen, daß ich ein entschiedener Anhänger vom Standpunkt 3 bin, den auch die meisten der SETI-Wissenschaftler einzunehmen scheinen. Er basiert auf drei philosophischen Prinzipien, die, wie ich im letzten Kapitel skizziert habe, auf eine lange Geschichte zurückblicken und die ich hier noch einmal klar benenne:

Das Prinzip der Gleichförmigkeit

Dieselben Naturgesetze gelten im ganzen Universum. Die physikalischen Prozesse, die Leben auf der Erde hervorgebracht haben, können also anderswo dasselbe bewirken.

Das Prinzip der Fülle

Alles, was in der Natur möglich ist, wird auch passieren. Nach allgemeiner wissenschaftlicher Erfahrung gibt es kaum Regeln oder Prozesse im Einklang mit den Naturgesetzen, für die sich nicht irgendwo in der Natur Beispiele fänden. So gibt es in der Physik einen regelrechten Zoo subatomarer Teilchen, von denen viele in Familien gruppiert sind. Diese Familien definieren sich durch abstrakte mathematische Symmetrien aufgrund enger Beziehungen zwischen ihren Eigenschaften.

Die Physiker haben die Erfahrung gemacht, daß unter den richtigen Bedingungen ein Teilchen, das in ein solches Schema passen würde, stets auch existiert. Das Prinzip der Fülle ermutigt uns also zu glauben, daß Leben entsteht, wo es entstehen kann.

Beide Prinzipien wurden von Lukrez ausdrücklich in sein Argument für andere bewohnte Welten einbezogen. Eine abgeschlossene und überzeugende Beweisführung kommt jedoch nicht ohne ein drittes Prinzip aus, das in früheren Schriften zwar stillschweigend vorausgesetzt wurde, jedoch erst in der Ära der modernen Wissenschaft mit dem Erscheinen eines glaubhaften kosmologischen Modells formuliert werden konnte.

Das Kopernikanische Prinzip (oder Prinzip der Mittelmäßigkeit)

Der Planet Erde befindet sich an keinem besonderen Platz im Universum und hat keinen besonderen Status. Er ist allem Anschein nach ein typischer Planet, der eine typische Sonne in einer typischen Galaxie umkreist. Kopernikus stellte fest, daß die Erde (und die Menschheit) nicht im Zentrum des Universums liegen. Obwohl sich seine Darlegungen weitgehend auf die Organisation des Sonnensystems beschränkten, war die Veränderung des Weltbildes, die mit seiner (buchstäblich) revolutionären Theorie einherging, enorm. Als die Erde ihre zentrale Position verloren hatte, mußten weitere Entdeckungen die Normalität unseres Planeten bestätigen, wenn auch manche Astronomen noch eine Zeitlang versuchten, an überkommenen Idealen festzuhalten. So bekundete der holländische Astronom Jacobus Kapteyn die Meinung, die Sonne besetze einen besonderen Platz in der Mitte der Milchstraße, und noch in diesem Jahrhundert galt die Milchstraße für viele als einzigartig. Inzwischen wird das Kopernikanische Prinzip jedoch von den meisten Astronomen akzeptiert. In der Frage nach außerirdischem Leben bedeutet es, daß die Erde nicht nur in astronomischer, geologischer, physikalischer und chemischer, sondern auch in biologischer Hinsicht keinen Sonderfall darstellt.

Die Entdeckung außerirdischen Lebens wäre relevant für jeden der oben genannten Standpunkte 1 bis 3 zum Ursprung des Lebens. Wie sich herausstellt, hängen die Konsequenzen jedoch sehr davon ab, welcher Art genau die Entdeckung wäre. In Betracht kommen drei verschiedene Möglichkeiten. Erstens, die Entdeckung eines außerirdischen Organismus, zum Beispiel einer Bakterie auf dem Mars oder in einem Meteoriten. Zweitens, der Empfang eines Funksignals oder einer Nachricht anderer Art von einer fortgeschrittenen fremden Zivilisation. Drittens, der spekulativste Gedanke, ein direkter Kontakt mit intelligenten Außerirdischen, worüber in zahlreichen Ufo-Geschichten phantasiert wird.

In diesem Kapitel beleuchte ich die Auswirkungen der Entdeckung außerirdischer Mikroben auf die philosophischen Thesen 1 bis 3. Das nächste Kapitel soll sich dann mit der Option einer Nachricht aus dem All befassen. Die dritte Möglichkeit werde ich nicht behandeln, zum einen, weil sie eine gesonderte, vollständige Diskussion verdient, und zum anderen, weil die Möglichkeit einer solchen Begegnung zur Zeit sehr weit hergeholt erscheint.

Wunder

Die meisten Religionen beteuern traditionell, das Leben und die Spezies *Homo sapiens* hätten ihren Ursprung in einem Wunder. Dies war einst auch der feste Standpunkt der christlichen Kirche, und manche Konfessionen hängen ihm heute noch an. Viele

Menschen glauben, ein völlig natürlicher Ursprung des Lebens und insbesondere der Gattung Mensch würde unseren Anspruch auf eine besondere Stellung in der Ordnung der Dinge untergraben und eines der stärksten Bindeglieder zwischen Gott und der Menschheit zunichte machen, die nach religiösem Denken existieren.

Es lohnt sich hier, den Begriff «Wunder» exakt zu definieren. Unter einem Wunder verstehe ich ein wahrhaft übernatürliches Ereignis, in dem die Gesetze der Physik außer Kraft gesetzt werden, wenn auch nur für einen Augenblick. Wohlgemerkt, solch ein Ereignis muß nicht von Gott geplant oder ersonnen sein. Es könnte «einfach passieren», oder es könnte zu einem übergesetzlichen *Metaschema* gehören, welches das für unsere Sinne erkennbare Universum *transzendiert.* Zuweilen wird das Wort Wunder auch für einen höchst unwahrscheinlichen Zufall benutzt, so wie man sagt, «ein Wunder, daß ich bei dem Unfall nichts abbekommen habe». Gewöhnlich meint man dann einen *glücklichen* Ausgang, nicht einen *übernatürlichen.*

Die Entdeckung, daß irgendwo sonst im Universum Leben existiert, würde die Wunder-Hypothese ernsthaft in Frage stellen. Obwohl es keinen logischen Grund gibt, weshalb ein Leben schaffendes Wunder nicht mehr als einmal geschehen sein sollte, gehört es zum Wesen des Wunders, daß es ein besonderes, einzigartiges, bedeutsames Ereignis ist. Doch genaugenommen muß die Entdeckung von Leben im Weltraum nicht unbedingt der Wunder-Hypothese widersprechen. Möglicherweise ist Leben auf wunderbare

Weise an einem bestimmten Ort im Universum entstanden und hat sich dann über viele Sternsysteme verbreitet. Ein denkbarer Mechanismus dafür wäre die Panspermie-Theorie, die ich am Ende des ersten Kapitels kurz erwähnt habe, doch es könnte durchaus auch andere Mechanismen geben. Im Sonnensystem macht der Materieaustausch zwischen den Planeten eine solche «Bestäubung» von einem Gestirn zum anderen wahrscheinlicher. Oder – was ebenfalls denkbar wäre – auf einem Planeten ist Leben einst durch ein Wunder entstanden und hat eine so hohe Stufe der Entwicklung erreicht, daß intelligente Wesen in der Lage waren, eine Politik der universalen Verbreitung von Mikroorganismen zu betreiben.

Wenn Leben sich irgendwie über den Raum verteilt hat, dann könnten außerirdische Organismen in ihrer grundlegenden Biochemie denen auf der Erde ähneln (wenn auch nicht unbedingt in ihrer Gestalt). Alles Erdenleben basiert auf Nukleinsäuren, und das Schlüsselmolekül DNS hat stets die Form einer rechtsdrehenden Doppelhelix. Das Auftauchen außerirdischer Moleküle mit linksdrehender DNS oder mit einer ganz anderen molekularen Basis wäre ein Beleg für eine unabhängige Entwicklung und ein starkes Argument gegen die Wunder-Hypothese. Und wenn der Mensch es einmal schaffte, Leben künstlich im Labor zu erzeugen, wäre dies natürlich der direkte Beweis, daß es ohne Wunder geht. In der Wissenschaft ist man jedoch allgemein der Ansicht, die Entdeckung von Leben im Weltraum sei heute wahrscheinlicher als seine künstliche Erschaffung auf der Erde.

Zufall

Manche Wissenschaftler sind überzeugt, der Ursprung des Lebens sei ein einmaliges, dabei aber natürliches Ereignis gewesen. Man muß sich klarmachen, was damit gemeint ist, denn wenn ein Ereignis nur einmal vorkommt, sollte der Unterschied zwischen wunderbar und natürlich eigentlich aufgehoben sein. Im Mittelpunkt der wissenschaftlichen Vorstellung über den Ursprung des Lebens steht die Komplexität lebender Organismen. Der Ursprung des Lebens ist hauptsächlich deshalb ein großes Rätsel, weil das spontane Auftauchen solch vollendeter, organisierter Komplexität so unwahrscheinlich erscheint. Im vorigen Kapitel habe ich das Miller-Urey-Experiment erwähnt, in dem es gelang, einige der Bausteine des Lebens zu erzeugen. Das Niveau der Komplexität ist in einem wirklichen Organismus jedoch unermeßlich höher als in einfachen Aminosäuren. Und es ist nicht nur eine Frage des Niveaus. Ein hoher Grad an Komplexität allein genügt noch nicht. Die Komplexität, um die es geht, muß bestimmte *spezifische* chemische Strukturen und Reaktionen umfassen. Ein zufällig zusammengewürfeltes Netzwerk von Reaktionen würde wahrscheinlich kein Leben hervorbringen.

Weiter verschärft wird das Komplexitätsproblem durch das funktionale Wechselspiel zwischen Nukleinsäuren und Proteinen, wie es im irdischen Leben stattfindet. Proteine sind Katalysatoren bestimmter biochemischer Schlüsselprozesse (die sie daher erheblich beschleunigen). Ohne diese Katalyse käme das Leben zum Stillstand. Die Proteine erfüllen ihre Aufgaben unter Anleitung der Nukleinsäure, welche die genetische Information enthält. Andererseits bestehen auch Proteine aus Nukleinsäure, was vermuten läßt, daß Nukleinsäure als erstes da war. Nun ist schwer einzusehen, wie Moleküle wie RNS oder DNS, die viele tausend sorgfältig angeordnete Atome enthalten, spontan entstehen sollen, wenn sie in Abwesenheit von Proteinen praktisch gelähmt sind und sich vor allem nicht vermehren können. Ebenso unwahrscheinlich ist aber, daß Nukleinsäure und Proteine zufällig zur gleichen Zeit entstanden sind und gleich eine funktionierende symbiotische Beziehung gefunden haben.

Fred Hoyle hat die Entstehung des Lebens durch eine zufallsbedingte Molekülmischung in ihrem hohen Grad der Unwahrscheinlichkeit mit einem Wirbelwind verglichen, der durch eine Boeing-Halle fegt und aus herumliegenden Teilen einen flugfähigen Jumbo-Jet zusammensetzt. Die statistische Chance, daß ein DNS-Molekül rein zufällig aus seinen Bestandteilen entsteht, läßt sich leicht berechnen. Sie ist 1 zu $10^{40\,000}$ (ein Bruch mit 40000 Nullen im Nenner). Mit derselben Wahrscheinlichkeit tippt jemand 7000mal in seinem Leben sechs Richtige im Lotto oder fällt eine Münze 130000mal hintereinander auf dieselbe Seite. Dennoch wollen wir einmal annehmen, es wäre so geschehen. Sollten wir ein so irrsinnig unwahrscheinliches Ereignis nicht als Wunder betrachten?

Man muß klar trennen zwischen Ereignissen, in denen ein Naturgesetz aufgehoben oder verletzt wird, und einer Folge von Ereignissen, von denen jedes für sich den Gesetzen gehorcht, die in ihrer Kombination jedoch als Wunder erscheinen. Wenn ich zum Beispiel einen Stoß Karten mische, an vier Spieler austeile und sehe, daß jeder Spieler Karten jeweils nur einer Farbe und in der richtigen Ordnung bekommen hat, muß ich dann annehmen, ein Wunder sei geschehen und habe in den physikalischen Prozeß des Kartenmischens eingegriffen? Es ist sicher *möglich*, daß normales «natürliches» Mischen eine solche Verteilung produziert, doch weil die Chance dafür so klein ist, würde ein solcher Vorfall unmittelbar den Verdacht erregen, etwas sei geschehen, wodurch der Mischprozeß seine Zufälligkeit verloren habe.

Ein solcher Einfluß könnte auf zweierlei Weise zustande kommen. Zum einen könnte wirklich ein physikalisches Gesetz gebrochen worden sein. So könnte, im Falle der Biogenese, ein Molekül ohne physikalischen Grund plötzlich seine Bewegungsrichtung geändert haben, um sich mit einem anderen Molekül in der Nähe zusammenzutun und einen wichtigen Schritt im lebensformenden Prozeß zu ermöglichen. Doch kaum ein Wissenschaftler wäre damit glücklich. Die zweite Möglichkeit wäre die zielgerichtete, absichtliche Manipulation von Materie *innerhalb* der Gesetze der Physik. Wir wissen, daß Materie so manipuliert werden kann, weil wir Menschen es ständig tun. Wenn wir Methoden ersinnen können, höchst unwahrscheinliche Ereignisse zu produzieren (wie eine ungewöhnliche Kartenverteilung), ohne irgendwelche physikalischen Gesetze zu verletzen, dann sollte eine Gottheit, die es darauf anlegt, wohl auch dazu in der Lage sein.

Wie auch immer, der Wissenschaftler ist dazu da, die Welt zu erklären, ohne sich auf übernatürliche, absichtliche Manipulation zu berufen. Es gibt daher eine Reihe wissenschaftlicher Antworten auf die Frage der oben genannten enorm geringen Wahrscheinlichkeit. Eine davon greift darauf zurück, die Anzahl der «Versuche» zu erhöhen, um die Chance zu verbessern. Dieser Gedanke steht auch hinter den Panspermie-Theorien. Wenn irdisches Leben seinen Ursprung nicht auf der Erde hatte, dann kann es Billionen von Planeten geben, auf denen Moleküle durchgemischt werden. Gibt es genug solcher Planeten, dann wird im Laufe der Jahrmilliarden auch der unwahrscheinlichste Molekularprozeß irgendwann vorkommen.

Aus kosmologischen Gründen ist dieses Argument jedoch unsinnig. Sicher, es läßt sich nicht bestreiten, daß in einem unendlichen, gleichförmigen Universum alles, was geschehen *kann*, auch geschehen *wird*, und zwar unendlich oft. Wenn eine von Null verschiedene, wenn auch winzige Wahrscheinlichkeit für eine Abfolge von Ereignissen besteht, dann *müssen* unbegrenzt viele Versuche irgendwann zum Erfolg führen. Diese einfache mathematische Notwendigkeit zeitigt bizarre Konsequenzen. Nach einem Grundsatz der modernen Kosmologie ist der Teil des Universums, den wir sehen können, typisch für das Ganze. Dies ist eine Anwendung des Kopernikanischen Prinzips. Wenn das Prinzip zutrifft und wenn zudem das Universum unendlichen Raum einnimmt, dann gibt es unendlich viele Sterne, unendlich viele erdähnliche Planeten und unendlich viele organische Moleküle. Die Wahrscheinlichkeit, daß ein DNS-Molekül entstehen wird, ist daher 1 (das heißt, es wird mit Sicherheit geschehen). Und da es nur eine endliche Zahl möglicher Kombinationen von Basissegmenten eines DNS-Strangs gibt, wird es mit Sicherheit einen anderen Organismus geben, dessen DNS identisch mit meiner ist. Dieser Organismus wäre mein exaktes Ebenbild. Wegen der unendlichen Auswahl an Orten, wo er geboren werden könnte, müssen also unendlich viele Doppelgänger von mir und, wenn man einen Schritt weiter denkt, von jedem Menschen auf der Erde existieren. Die gnadenlose Logik der Wahrscheinlichkeitstheorie fordert weiter, daß es eine unbestimmte Anzahl von Planeten mit exakt derselben Bevölkerung wie auf der Erde geben muß (und eine weit größere Anzahl mit anderen Bewohnern). In Anhang 2 werde ich diesen Gedanken weiter ausführen.

Wir kommen zum verblüffenden Schluß, daß es in einem unendlichen Universum, das dem Kopernikanischen Prinzip gehorcht, Leben im Überfluß geben *muß*. Man darf jedoch nicht vergessen, daß solches Leben über einen so großen Raum verteilt ist, daß es kaum zu finden wäre, wenn seine Entstehung wirklich auf Zufallsprozessen beruht. Diese Schwierigkeit läßt sich veranschaulichen, indem man die oben erwähnte prinzipielle Chance nimmt, dazu etwa eine Milliarde erdähnliche Planeten pro Galaxie, und die Moleküle eine Million mal pro Sekunde und Kubikzentimeter Flüssigkeit durchmischt. Wenn die Molekularsuppe auf jedem Planeten so umfangreich ist wie alle Erdozeane zusammen (was wahrscheinlich sehr optimistisch geschätzt ist), dann ist pro Sekunde und Galaxie die Wahrscheinlichkeit, daß sich spontan ein DNS-Molekül bildet, 1 zu 10^{39960}. Nimmt man weiter die 10 Milliarden Jahre, seit denen etwa das Universum existiert, als Versuchszeitraum an, dann führt diese Rechnung zu dem Ergebnis, daß wir 10^{39943} Galaxien absuchen müßten, wenn wir eine nennenswerte Chance haben wollen, ein außerirdisches DNS-Molekül zu finden. Nun enthält das beobachtbare Universum aber nur 10^{10} Galaxien. Das heißt, wir müßten ein etwa 10^{39933}mal größeres Raumvolumen untersuchen, als das beobachtbare Universum einnimmt. Dann aber hätten wir es mit Entfernungen bis zu 10^{13321} Lichtjahren zu tun.

An dieser Stelle möchte ich den Unterschied erklären zwischen dem Universum, das existiert, und dem Universum, das wir von der Erde aus prinzipiell sehen können. Dieser Unterschied ergibt sich aus einer fundamentalen Höchstentfernung, jenseits der ein Objekt nicht mehr zu beobachten ist. Der Höchstentfernung liegt wiederum die Existenz eines sogenannten *Teilchenhorizonts* in den meisten der plausiblen kosmologischen Modelle zugrunde. Teilchenhorizonte sind eine Folge der endlichen Lichtgeschwindigkeit. Wenn wir zum Himmel schauen, sehen wir ein Objekt nicht, wie es heute ist, sondern in seinem Zustand vor so vielen Jahren, wie es Lichtjahre entfernt ist. Die fernsten mit optischen Teleskopen sichtbaren Galaxien sind mehrere Milliarden Lichtjahre entfernt, was bedeutet, daß die Reisezeit des

Lichts von diesen Galaxien die Größenordnung des Alters des Universums erreicht. Radioteleskope und Mikrowellendetektoren empfangen Strahlung, die nur 300000 Jahre nach dem Urknall emittiert wurde. In jener Epoche gab es noch keine Galaxien. Es existiert also eine obere Grenze für die Anzahl der Galaxien, die wir *prinzipiell*, selbst mit perfekten technischen Mitteln, sehen könnten. Auch wenn das Universum unendlich wäre und unendlich viele Galaxien enthielte, könnten wir stets nur eine endliche Untermenge davon sehen. Wenn Leben ein statistischer Zufall von verschwindender Wahrscheinlichkeit ist, dann werden wir so gut wie sicher innerhalb unseres Teilchenhorizonts lange kein fremdes Leben finden, selbst wenn es (wie das Kopernikanische Prinzip fordert) unzählige bewohnte Planeten im Universum als Ganzem gibt. Im Laufe der Zeit werden immer mehr Galaxien in den Bereich innerhalb dieses Horizonts wandern, doch die oben genannten Zahlen sagen eindeutig aus, daß eine enorme Zeitspanne verstreichen müßte, bis eine Galaxie, die ein DNS-Molekül enthält, in unsere beobachtbare Region gerät.

Da die Wahrscheinlichkeit für das zufällige Entstehen von Leben so gering ist, gewinnen wir also wenig, wenn wir die Versuchsarena von der Erde auf alle erdähnlichen Planeten ausdehnen und uns dann auf die Panspermie-Hypothese berufen. Weil kein Objekt schneller reisen kann als Licht, kann kein Mikroorganismus von jenseits unseres Teilchenhorizonts jemals zur Erde gelangen. Die Planeten, die mit dem Leben auf der Erde in Beziehung stehen könnten, müßten sich innerhalb der 10^{10} Galaxien befinden, die zum für uns beobachtbaren Teil des Universums gehören. Diese Galaxien mögen vielleicht 10^{19} erdähnliche Planeten enthalten, doch bei einer Anfangschance von 1 zu 10^{40000} machen 19 Nullen unter dem Strich kaum einen Unterschied.

Der Schluß, den wir aus solcher Statistik ziehen können, ist, wie ich meine, eindeutig. Die Entdekkung einer außerirdischen Mikrobe mit DNS oder mit einer irgendwie an die irdische Biochemie erinnernden chemischen Basis wäre ein starker Hinweis auf ein Szenario nach der Panspermie-Hypothese, besonders wenn die Mikrobe auf dem Mars oder in einem Meteoriten gefunden würde. Andererseits wäre die Entdeckung eines Organismus mit andersartiger Biochemie ein schlagendes Argument gegen die Theorie, der Ursprung des Lebens sei ein zufälliger, statistisch höchst unwahrscheinlicher Vorfall gewesen. Um daraus einen Gegenbeweis zu machen, müßten wir uns noch überzeugen, daß die biochemische Abweichung nicht mit Evolutionsprozessen zu erklären ist.

Entdeckten wir aber außerirdische DNS nachweislich unabhängigen Ursprungs, dann wären die Darwinsche Evolutionstheorie und das gesamte (gegenwärtig herrschende) wissenschaftliche Denken, das jede Zielrichtung in der Natur entschieden ablehnt, im Kern getroffen.

Natürliche Prozesse hoher Wahrscheinlichkeit

Carl Sagan hat geschrieben: «Nach gegenwärtiger Beweislage sollte, wo die Anfangsbedingungen stimmen und Milliarden von Jahren für die Evolution zur Verfügung stehen, Leben entstehen. Daß auf geeigneten Planeten Leben seinen Anfang nimmt, scheint zur Chemie des Universums zu gehören.» Diese Sichtweise ist allgemein verbreitet unter Wissenschaftlern, die mit dem SETI-Programm befaßt sind. Die Vorstellung ist, daß unter geeigneten Bedingungen (das heißt, die richtige chemische Suppe, eine Energiequelle und stabile Temperaturen im passenden Bereich) in einer geologischen Zeitspanne (Millionen oder Milliarden von Jahren) lebende Organismen spontan entstehen. Es wird oft darauf hingewiesen, daß es fossile Beweise für die Anwesenheit von Mikroben auf der Erde schon vor 3,6 Milliarden Jahren gibt. Das Erdalter wird mit 4,5 Milliarden Jahren angegeben, und für -zig oder gar Hunderte von Millionen Jahren werden die Bedingungen an der Oberfläche sehr lebensfeindlich gewesen sein. Zu den Unbilden gehörten schweres Meteoritenbombardement, gigantische Vulkanausbrüche, dicke, tödliche Gaswolken aus dem Erdinneren, eine launische Sonne (die Sonne entstand etwa zur gleichen Zeit wie die Erde und brauchte wahrscheinlich eine Weile, um ihren Rhythmus zu finden), große Hitze, Wasser nur in Dampfform und tödliche Sonnenstrahlung. Es sieht demnach so aus, als hätte Leben auf der Erde kaum früher beginnen können. Wenn das

Leben ein Produkt der Erde ist, dann muß seine Entstehung recht schnell vonstatten gegangen sein. Auch wenn die Panspermie-Hypothese zutrifft und es im Universum unzählige hoffnungsvolle Mikroben auf der Suche nach einer Heimat gibt, würden wir eine rasche Kolonisation der jungen Erde erwarten. Mit statistischen Schlüssen muß man jedoch vorsichtig sein, solange man nur einen Fall kennt. Deshalb wäre die Entdeckung auch eines einzigen Beispiels von außerirdischem Leben von immenser Bedeutung für Theorie 3.

Die Anhänger dieser Theorie ziehen das Phänomen der Selbstorganisation heran, um ihren Standpunkt zu stützen. Über die letzten Jahre hat man erkannt, daß viele physikalische und chemische Systeme spontane Sprünge zu Zuständen größerer organisatorischer Komplexität machen. (Dies behandle ich ausführlicher in Kapitel 5.) Gewöhnlich tritt Selbstorganisation in nichtlinearen (schwer berechenbaren), offenen Systemen auf, die durch ihre Umgebung weit aus dem thermodynamischen Gleichgewicht geraten. Daher denken einige, die Gesetze der Physik und Chemie seien dazu angelegt, Materie zu Zuständen immer größerer Komplexität zu führen und damit die Wahrscheinlichkeit zu erhöhen, daß sich komplexe biochemische Moleküle zusammensetzen. Der Chemiker Manfred Eigen hat entdeckt, daß Selbstorganisation – ineinandergreifende chemische Zyklen, die er *Hyperzyklen* nennt – weit produktiver in der Erzeugung von Komplexität sein kann als eine einfache statistische Durchmischung von Molekülen. Eigens Forschung wird vom Biophysiker Stuart

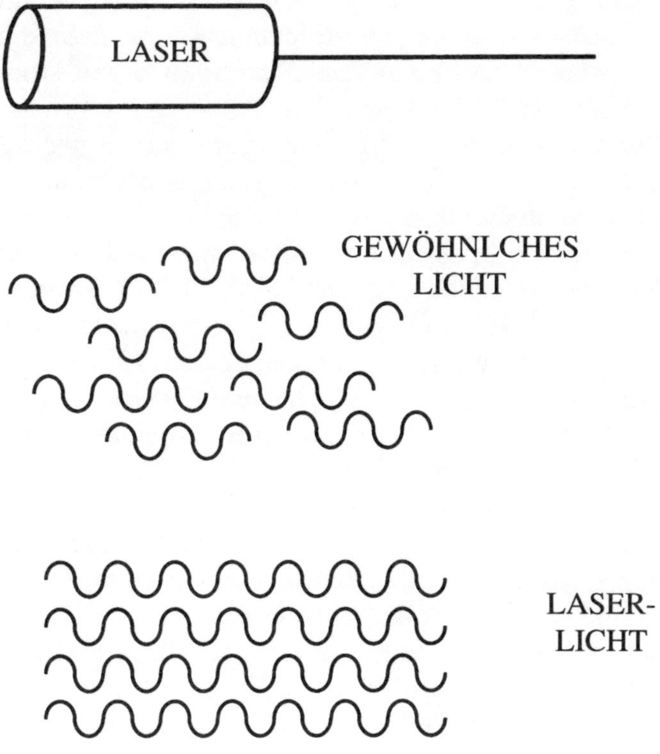

Gewöhnliches Licht besteht aus vielen (inkohärent) zusammengewürfelten Wellenbündeln. In Laserlicht sind die Wellenpakete hingegen so ausgerichtet, daß Wellenberge und -täler überall im Strahl zusammenfallen (kohärentes Licht). Dies ist ein einfaches Beispiel von Selbstorganisation in einem leblosen physikalischen System.

Kauffman beschrieben und weitergeführt, der in seinem 1993 erschienenen Buch *The Origins of Order* den traditionellen Neodarwinismus in Frage stellt.

Der Umstand, daß Selbstorganisation in der Natur so verbreitet ist, läßt vermuten, daß die spontane Erzeugung von Leben viel wahrscheinlicher ist, als die Statistik der zufälligen Molekülmischung nahelegt. Noch kann man nicht sagen, ob Selbstorganisation die Wahrscheinlichkeit in die Nähe von 1 bringen könnte, doch viele Wissenschaftler glauben wie Sagan, dies sei der Fall, was auch meine Meinung ist. Die Gründe dafür nenne ich in Kapitel 5.

In der Diskussion der Konsequenzen einer Entdeckung außerirdischen Lebens für Theorie 3 hilft es, zwischen der harten und der abgeschwächten Version dieser Theorie zu unterscheiden. In letzterer führen die Gesetze von Chemie und Physik dazu, daß sich Materie unter den richtigen Bedingungen natürlich und automatisch entlang vorgeschriebener Wege in Richtung immer größerer Organisation und Komplexität bewegt. Sobald die Komplexität eines Systems eine bestimmte Schwelle überschreitet, darf man sagen, es lebt. Die Einzelheiten sind nicht wichtig, nur der allgemeine Trend vom Einfachen zum Komplexen. Es mag viele Wege geben, auf denen sich chemische (vielleicht auch nichtchemische) Prozesse organisieren, bis Leben entsteht. Wenn wir nicht erwarten, daß außerirdisches Leben in seiner chemischen Struktur dem unseren ähnelt, dann sind auch die Forderungen an die Umgebung nicht mehr so eingeschränkt. Wasser und sogar Kohlenstoff sind nicht notwendig. Man kann sich exotische Lebens formen vorstellen, die in der dichten Atmosphäre des Jupiter oder in Titans Stickstoffmeeren gedeihen.

In der harten Version der Theorie sind die Kanalisierung und die Verstärkung der Prozesse viel zielgerichteter und treiben die Molekülsuppe in die besondere Richtung von Nukleinsäure und Proteinen. Alles Leben hätte dann dieselbe chemische Grundlage und erforderte deshalb gleiche physikalisch-chemische Bedingungen (viel Kohlenstoff und Wasser, Temperaturen zwischen 0°C und 100°C usw.). Die harte Version würde bedeuten, daß außerirdische Mikroben den irdischen recht ähnlich sein müßten, was Theorie 3 leider schwer unterscheidbar von der Panspermie-Hypothese machen würde. Es wäre kaum beweisbar, daß eine Marsmikrobe kein Nachkomme eines irdischen Organismus ist, der durch einen Asteroiden- oder Kometeneinschlag auf die Reise geschickt wurde.

3

Die Botschaft aus dem All

Nun, da das Projekt Phönix angelaufen ist, erscheint es an der Zeit, die philosophischen Konsequenzen zu erwägen, die sein Erfolg – der Empfang einer irgendwie gearteten außerirdischen Botschaft – mit sich bringen würde. Was genau würde es für den Menschen bedeuten, wenn er entdeckte, daß er nicht das einzige denkende Wesen im Universum ist? Wären wir erfreut oder bestürzt, aufgeregt oder erschrokken, begeistert oder niedergeschlagen?

Vielerorts glaubt man, der Schock, welcher der plötzlichen Verkündung einer solchen Entdeckung folgen würde, wäre so groß, daß die menschliche Gesellschaft daran zerbrechen würde. In der Sciencefiction werden die Regierungen gewöhnlich als Verschwörer dargestellt, welche die Entdeckung möglichst vertuschen wollen, da sie es für gefährlich halten, wenn das gemeine Volk davon erführe. Um eine Panik zu vermeiden, werden die Wissenschaftler, die auf die Botschaft aus dem All gestoßen sind, unter Bewachung genommen und zum Schweigen verdonnert. In einem Fall aus dem wirklichen Leben, bei der Entdeckung der Pulsare, kann man sich fragen, inwieweit die zögerliche Veröffentlichungspolitik der beteiligten Forscher normaler wissenschaftlicher Vorsicht entsprach und in welchem Maße sie durch Furcht vor einer möglichen Panik bedingt war.

Die Idee, Politiker und Wissenschaftler könnten die Bürde des Wissens um außerirdische Wesen ohne weiteres schultern, während man der Öffentlichkeit eine solche Information nicht zumuten dürfe, ist natürlich absurd. Forscher im Projekt Phönix haben daher einen Ausschuß gegründet, in dem beraten wird, wie die Veröffentlichung vor sich gehen sollte, falls man einmal fremde Signale empfängt, und welchen Prozeduren bezüglich der Beantwortung einer solchen Botschaft zu folgen wäre. Es ist zu hoffen, daß ein solcher Vorfall mit größtmöglicher Offenheit gehandhabt würde, so daß die gesamte Menschheit an der bedeutenden Entdeckung teilhaben könnte.

Bezüglich der Art außerirdischer Signale denkt man an verschiedene Szenarien. Der Minimalfall wäre die Entdeckung eines fernen Funkfeuers. Dies wäre ein Gerät, das nur dazu diente, die Existenz einer Zivilisation jedem bekanntzumachen, der danach sucht, was nicht bedeuten muß, daß jene Zivilisation schon von unserer Existenz weiß. Das Signal könnte einfach ein regelmäßiges «Piep» auf irgendeiner Radiofrequenz sein. Mehr Klarheit brächte jedoch eine Botschaft, die eine Art Symbol für Intelligenz enthielte, zum Beispiel eine Reihe von Primzahlen oder von Ziffern der Kreiszahl π. Natürlich könnten die Außerirdischen auch ihre Gründe haben, nicht Radiowellen, sondern Laserlicht zu benutzen, oder sie könnten versuchen, sich bemerkbar zu machen, indem sie eine Art Störung in ihrem Stern herbeiführen oder andere Techniken einsetzen, von denen wir nichts ahnen. Wie auch immer, wenn sie ernsthaft daran interessiert sind, unsere Aufmerksamkeit zu erregen – was sie vermutlich wären, denn sonst würden sie sich kaum erst die Mühe machen, ein Funkfeuer zu errichten –, dann würden sie zweifellos darauf kommen, daß wir Radioteleskope benutzen.

Interessanter wäre ein Signal, das Informationen über die fremde Zivilisation enthält und vielleicht eine Einladung, mit ihr Kontakt aufzunehmen. Da eine riesige Informationsmenge in einen recht kurzen Funk- oder Laserpuls paßt, könnten wir schon aus einer ersten Botschaft unermeßlich viel lernen.

Weiter ist denkbar, daß die Außerirdischen die Existenz unseres Planeten und unserer Zivilisation bemerkt haben und nun aktiv versuchen, mit uns in Kontakt zu treten. Ihr Wissen um uns ließe sich auf unterschiedliche Weise erklären. So ist es unvermeidlich, daß irdischer Funkverkehr in den Weltraum sickert und sich dort mit Lichtgeschwindigkeit verbreitet. Eine genügend empfindliche Antenne könnte unsere ersten Radio- und Fernsehsendungen heute in Dutzenden von Lichtjahren Entfernung empfangen. Ein noch empfindlicherer Detektor könnte die elektromagnetischen Pulse unserer oberirdischen Kernwaffentests oder die mächtige Zunahme der Konzentration an Treibhausgasen in der Erdatmosphäre registrieren. Und allein schon der Umstand, daß der Planet Erde ein wahrscheinlicher Kandidat für die Entwicklung intelligenten Lebens ist – ein Kandidat, den man im Auge behält –, könnte dazu führen, daß man unsere Gegenwart bemerkt. Es ist sogar denkbar, daß fremde Wesen die Erde von Zeit zu Zeit besucht haben und wissen, daß hier über kurz oder lang intelligentes Leben entstehen würde. Sie könnten eine Sonde zurückgelassen oder vor langer Zeit hergeschickt haben, um ihnen das Erscheinen einer technischen Gesellschaft zu melden. Eine solche Sonde könnte sich, von uns vollkommen unbemerkt, in einer Umlaufbahn um die Sonne befinden.

Man darf in diesem Zusammenhang nicht vergessen, daß die Entdeckung eines fremden Signals nicht unmittelbar zum Funkdialog zwischen den Zivilisationen führen würde. Der nächste Stern ist über vier Lichtjahre entfernt. Sogar unter den optimistischsten Annahmen ist die Existenz einer fremden Zivilisation im Umkreis von 100 Lichtjahren höchst unwahrscheinlich. Eine Botschaft von Wesen in dieser Entfernung bräuchte also 100 Jahre, um uns zu erreichen, und unsere Antwort wäre ebenso lang unterwegs. Es würde Jahrhunderte dauern, bis sich so etwas wie eine Konversation entwickelt, und zunächst gäbe es vermutlich eine schwierige Anpassungsphase, in der wir die Konsequenzen des Kontakts zu verarbeiten hätten, ohne von einem sinnvollen Austausch profitieren zu können.

In einem anderen Szenario geht man von der Entdeckung eines fremden, künstlichen Gegenstands auf oder in der Nähe der Erde aus (wie der Obelisk in Arthur C. Clarkes Roman *2001: Odyssee im Weltraum*). Dies erscheint sehr unwahrscheinlich, doch nicht unmöglich, wenn man annimmt, das Ding wäre so programmiert, daß es sich erst zeigt, sobald die Zivilisation auf der Erde eine bestimmte Entwicklungsschwelle passiert. Wir könnten auf dem Mond oder dem Mars darüber stolpern, es auf dem Meeresgrund finden oder irgendwo sonst auf der Erde, wenn die Zeit reif wäre. Dann könnten wir es direkt befragen, interaktiv damit arbeiten, wie mit einem modernen Computerprogramm, und sofort eine Art Dialog herstellen. Ein solcher Gegenstand – eigentlich nichts anderes als eine außerirdische Zeitkapsel – könnte riesige Mengen wichtiger Informationen für uns bereithalten.

Die Entdeckung eines fremden Signals von irgendwo in unserer eigenen Galaxis würde mehr bedeuten als bloß die Existenz einer anderen Zivilisation. Wenn Zivilisation ein so unwahrscheinliches Phänomen ist, daß es im gesamten beobachtbaren Universum nur zwei davon gibt, dann wäre die statistische Wahrscheinlichkeit, daß beide sich in der Milchstraße befinden, unglaublich klein. Wir müßten also schließen, daß in anderen Galaxien viele weitere Zivilisationen existieren, existiert haben oder existieren werden. Nach derselben Logik müßte man nach der Entdeckung eines Signals aus der engeren Nachbarschaft unserer Galaxis Zivilisationen in der Milchstraße als ein verbreitetes Phänomen akzeptieren. Scheinbar sind wir entweder allein im Universum, oder intelligentes Leben ist recht weit verbreitet.

Ich möchte nun die Konsequenzen ausloten, die ein außerirdisches Signal für die drei Hypothesen über den Ursprung des Lebens hätte.

Das Wissen, daß außerirdische Wesen existieren, würde die Wunder-Hypothese in extreme Schwierigkeiten stürzen. Wie schon betont, schließt die Logik natürlich nicht aus, daß Leben durch ein Wunder entstanden ist und sich über das Universum verbreitet hat, so daß die Außerirdischen einen wunderbaren gemeinsamen Vorfahren mit uns teilen, doch damit verlöre die Hypothese für religiöse Menschen ihren wesentlichen Reiz. Auch die Vorstellung eines göttlichen Ursprungs von Intelligenz und Bewußtsein wäre stark in Zweifel gezogen. Niemand kann ernsthaft behaupten, wir könnten auf dem Wege direkter Begegnung zwischen Zivilisationen mit außerirdischen intelligenten Wesen verwandt sein. Dafür ist die Verankerung unserer Art in terrestrischer Biologie einfach zu offensichtlich. Ein fremdes Signal zwänge uns zu dem Schluß, daß Intelligenz unabhängig an anderer Stelle im Universum erschienen ist und daß der *Homo sapiens* in der Schöpfung keinen besonderen Platz einnimmt. Wie oben dargelegt, würde die Entdeckung zudem bedeuten, daß es nicht nur eine, sondern eine große Anzahl fremder Zivilisationen geben muß, und die unsere wäre nur mehr ein typisches Beispiel eines weitverbreiteten Phänomens.

Zweifellos würde diese Einsicht zu einer einschneidenden Neubewertung der religiösen Lehre führen. Im Vatikan ist man sich dieser Situation bewußt. Inzwischen läßt man dort untersuchen, welche Bedeutung die Entdeckung außerirdischer Intelligenz für das Christentum hätte. Wie ich im ersten

Kapitel betont habe, können wir auf eine lange Geschichte lebhafter Debatten um diese Frage zurückblicken, obwohl es in diesem Jahrhundert eigenartig still geworden ist.

In seinen Gifford-Vorträgen (Edinburgh, 1927–1929) stellte der Bischof von Birmingham, Earnest Barnes, die Frage: «Ist der gesamte Kosmos die Heimat intelligenter Wesen?» Barnes, der auch wissenschaftlich sehr gebildet war, gab seiner Meinung Ausdruck, Gott habe das Universum «als Basis der höheren Formen von Bewußtsein» geschaffen, und folgerte daraus, daß diesem Zweck am besten durch eine Vielzahl bewohnter Welten gedient wäre (das Prinzip der Fülle). Er wies auch auf die enorme Zahl von Planeten hin, die im Universum existieren könnten, und sprach bemerkenswert früh die Ansicht aus, an unserer Galaxis sei «nichts Besonderes, weder in ihrer Masse noch ihrer Größe noch in irgendeiner anderen Weise» (ein weiterer Ausdruck des Kopernikanischen Prinzips). Barnes schloß, im beobachtbaren Universum gebe es wahrscheinlich Milliarden anderer Planeten mit intelligentem Leben, das uns in manchen Fällen weit voraus sei. Seine Argumentation stützte sich auf die feste Überzeugung, das irdische Leben sei aus normalen physikalischen Prozessen hervorgegangen: «Bestimmte komplexe anorganische Verbindungen bildeten die Brücke zwischen Nicht-Leben und Leben.» Weiter schloß der Bischof, im Prinzip könne man Leben auch künstlich herstellen: «Könnten wir im Labor die Bedingungen reproduzieren, die auf der Erde herrschten, als das Leben erstmals erschien, dann könnten wir auch bewirken, daß es ein zweites Mal vorkommt.»

Viele religiöse Kommentatoren haben die unermeßliche Anzahl von Sternen im Universum zum Anlaß genommen zu fragen, wozu sie alle existierten, wenn die Erde der einzige bewohnte Planet wäre. Der Kosmologe E. A. Milne faßte diese Empfindung in die Frage:

> Ist es lästerlich zu bemerken, ein allmächtiger Gott wisse Sich nicht zu freuen und Seine Gottheit walten zu lassen, wenn ein einzelner Planet der alleinige Schauplatz Seiner Aktivitäten wäre?

In seinem 1952 veröffentlichten Buch *Modern Cosmology and the Christian Idea of God* spekulierte Milne prophetisch über die neue Wissenschaft der Radioastronomie und die Entdeckung von Radiowellen aus dem Weltraum:

> Es liegt im Bereich des Möglichen, daß diese Signale von intelligenten Wesen auf anderen Planeten sind, und im Prinzip besteht die Aussicht, daß wir irgendwann in der Zukunft mit diesen fernen Wesen Kontakt aufnehmen werden.

Milne identifiziert jedoch sofort ein ernstes Problem für Christen, falls diese Wesen existieren sollten. Überzeugt, es sei «in der Essenz des Christentums, daß Gott in die Geschichte eingreift», bemerkt er:

> Gottes höchst bedeutsamer Eingriff in den tatsächlichen historischen Prozeß war nach christlicher Weltanschauung die Inkarnation (in Christus). War diese nun ein einmaliges Ereignis, oder hat sie sich auf unzähligen anderen Planeten ebenso zugetragen? Der Christ wird vor dieser Möglichkeit mit Grausen zurückweichen. Wir können uns nicht vorstellen, daß Gottes Sohn auf jedem von Myriaden von Planeten einen Stellvertretertod erleidet. Der Christ behilft sich mit der festen Annahme, unser Planet sei einzigartig. Wo bleiben dann aber die Geschöpfe, die möglicherweise andere Planeten bewohnen? Man verliert hier leicht den Boden unter den Füßen ...

Milne bietet selbst eine Lösung dieses Problems an, indem er sich auf seinen Glauben an die Möglichkeit der Kommunikation zwischen Sternen beruft. So könnten die Menschen einmal das Wissen um Gottes Inkarnation auf Erden mit anderen Wesen teilen.

Doch dieser Vorschlag wurde vom Philosophen und Priester E. L. Mascall in seinen Bampton-Vorlesungen von 1956 rundweg abgelehnt. Nach Mascalls Ansicht war Milnes Theologie fehlerhaft. «Man begibt sich in krassen Widerspruch zur Haltung der großen, klassischen Tradition christlichen Denkens» gegenüber der Passion Christi, wenn man annimmt, «die notwendige und hinreichende Bedingung für ihre Zweckerfüllung in der Rettung von Gottes Geschöpfen sei, daß diese *davon wissen* sollten». Weiter betont Mascall die Lehrmeinung, die Essenz der Erlösung sei es, daß «Gottes Sohn die Natur der Spezies verinnerlichte, zu deren Errettung er gekommen war». Die Bedeutung des historischen Erscheinens von Gott in *Menschen*gestalt wäre also auf die Spezies *Homo sapiens* beschränkt. Was andere Wesen angeht, sagt Mascall:

> Es ist kaum zu glauben, daß das Annehmen der Natur *der einen* rationalen, körperlichen Spezies durch den Sohn zur Errettung anderer Arten denkender Lebewesen beitragen sollte ... Christus, Gottes menschgewordener Sohn, ist in der Tat, indem er als Mensch geschaffen wurde, der Retter der Welt, wenn man unter «Welt» die Welt der Menschen und ihrer Verwandten versteht. Doch macht die Tatsache, daß er als Mensch geschaffen wurde, ihn auch zum Retter der Welt nichtmenschlicher Wesen? Das erscheint mir zweifelhaft ...

Mascalls bevorzugte Alternative ist die Wiederholung der Inkarnation auf anderen Planeten:

> Es gibt, wie ich meine, keine schlüssigen *theologischen* Einwände gegen die Vorstellung, daß – falls es in einem anderen Teil oder anderen Teilen des Universums Wesen gibt, die gesündigt haben und der Erlösung bedürfen – der Sohn Gottes zur Errettung dieser Wesen ihre Natur in seiner göttlichen Persona verinnerlicht hat (oder eines Tages verinnerlichen wird), so wie er es für uns Menschen getan hat.

Vor kurzem brachte ich das Problem in einer Diskussion mit George Coyne auf, einem Jesuitenpriester, der das Vatikan-Observatorium leitet. Coyne ist aktiv an der Suche nach fernen Planeten beteiligt. Seiner Meinung nach setzt die Errettung nicht Gottes Inkarnation voraus. Er glaubt, wenn fremde Wesen existieren und gesündigt haben, könne Gott auch eine andere Art der Errettung für sie wählen. Die christliche Doktrin fordert demnach keine vielfache Inkarnation.

Weitere theologische Probleme ergeben sich aus der Erwartung, daß viele der außerirdischen Gesellschaften, falls sie existieren, der unseren weit voraus wären. Worauf beruht nun diese Erwartung? Das Sonnensystem ist etwa 5 Milliarden Jahre alt, doch man kennt Sternhaufen, die seit 15 Milliarden Jahren existieren. Sternsysteme sind vermutlich schon entstanden und zerfallen, lange bevor es Sonne und Erde gab. Wenn Leben im Universum weit verbreitet ist, dann dürfte es mancherorts viele Milliarden Jahre vor seinem Erscheinen auf der Erde entstanden sein. Wenn es mit der irdischen Evolutionsrate nichts Ungewöhnliches auf sich hat (andernfalls wäre das Kopernikanische Prinzip verletzt – siehe jedoch Carters anthropische Argumentation in Kapitel 4), dürfen wir also annehmen, daß intelligentes Leben und technische Zivilisation schon vor Milliarden von Jahren aufgetreten sind. Da die menschliche Gesellschaft erst wenige tausend Jahre alt ist und man die Geschichte unserer technisierten Gesellschaft in Jahrhunderten mißt, können wir uns kaum vorstellen, wie eine Zivilisation nach Millionen oder Milliarden Jahren technischen und sozialen Fortschritts aussehen würde. Wir hätten es mit Superwesen zu tun, die wir vielleicht gar als Götter bezeichnen würden. Arthur C. Clarke hat einmal bemerkt, daß in technischen Dingen selbst ein bescheidener Vorsprung nicht von Magie zu unterscheiden ist. Was würden wir dann erst aus den Aktivitäten einer Milliarden Jahre alten technischen Zivilisation machen?

Natürlich können wir nicht sicher sein, ob technische Gesellschaften über so lange Zeiträume überleben können. Sozialer Fortschritt könnte dazu führen, daß die Technik als eine gefährliche Sackgasse erkannt und aufgegeben wird. Vielleicht gibt es auch einen Mechanismus, der bewirkt, daß eine Zivilisation sich destabilisiert und zerstört, sobald sie eine bestimmte Entwicklungsstufe erreicht. Es wird oft darauf hingewiesen, daß vor allem ein starker Wettbewerbssinn den technischen Fortschritt antreibt, und hinter einem großen Teil unserer Technik steht das Verlangen nach wirkungsvollen Waffen. Beides endet leicht in Selbstzerstörung.

Dennoch ist klar, daß eine fremde Zivilisation, von der wir eine Botschaft empfangen, sich nicht selbst vernichtet hat (es sei denn, es handelt sich um eine «fossile» Nachricht von einer dem Untergang geweihten Gesellschaft, etwa nach dem Motto: «Lebt wohl, Kameraden, und macht nicht dieselben Fehler wie wir»). Dann aber ist es mehr als nur möglich, daß die betreffenden Außerirdischen uns meilenweit voraus sind, und zwar aus dem einfachen Grund, weil es höchst unwahrscheinlich ist, daß zwei beliebige Gesellschaften das technische Niveau der Radioastronomie zu mehr oder weniger derselben Zeit erreichen. Da der Zeitrahmen, in dem Biogenese und Evolution in unserer Galaxis stattfinden können, in Jahrmilliarden zu messen ist, kann man die Chance, daß zwei Planeten intelligente Lebensformen hervorbringen, die in ihrer Entwicklung weniger als etwa eine Million Jahre auseinanderliegen, als vernachlässigbar bezeichnen. Ein willkürlich gewähltes technisches Gemeinwesen hat wahrscheinlich Millionen oder gar Milliarden Jahre Vorsprung auf uns. Wenn es nicht irgendeinen universellen Grund gibt, daß Funkverkehr nur von relativ jungen Zivilisationen betrieben wird, ist zu erwarten, daß eine Botschaft, wenn wir je eine solche empfangen, von Wesen kommt, die in jeder Hinsicht, von der Technik bis zur sozialen Entwicklung und zum Verständnis von Natur und Philosophie, sehr, sehr fortgeschritten sind.

Dies stellt die christliche Religion vor ein weiteres Problem. Wenn Gott nämlich durch den historischen Prozeß wirkt und wenn die Menschheit nicht Gottes einziges Augenmerk ist, dann muß Gott den Zielen Seines Wirkens auf manchen anderen Planeten weit näher sein als auf der Erde. Wie Barnes vor langer Zeit sagte: «Wenn Gott sich nur im evolutionären Fortschritt verwirklicht, dann hat er anderswo eine solche Pracht und Vollkommenheit der Existenz erreicht, daß die Erde dem nichts hinzuzufügen hat.»

Es muß ernüchtern, daß wir in unserem Stadium der «spirituellen» Reife fast allen unserer intelligenten außerirdischen Nachbarn unterlegen wären. Mit einfacher Arithmetik können wir ableiten, daß wir ziemlich am Ende der Evolutionsliga stünden und beileibe keinen Grund hätten, uns als die «Krone der Schöpfung» zu betrachten. Dies hängt unmittelbar mit dem Begriff der «Spiritualität» zusammen. Die meisten Theologen würden darauf bestehen, daß dieser erst seit der Entstehung unserer Spezies einen Sinn haben kann. Die Minimalvoraussetzung spirituellen Fortschritts ist jedenfalls die Existenz eines Wesens, das sich seiner selbst bewußt und intelligent genug ist, die Konsequenzen seiner Taten zu beurteilen. Diese Stufe der Evolution wurde auf der Erde erst in den letzten Millionen Jahren erreicht, wenn nicht in noch jüngerer Vergangenheit. Im chronologischen Vergleich mit intelligenten Gesellschaften, die vielleicht seit Milliarden von Jahren existieren, würden wir also ziemlich schlecht abschneiden. Wir müßten erwarten, zu den spirituell am wenigsten fortgeschrittenen Wesen des Universums zu gehören. Mancher mag sich mit dem Gedanken trösten, die Außerirdischen würden uns einen Sprung nach vorn ermöglichen, wenn sie einmal mit uns in Kontakt träten, doch andere werden sich in ihrer Unterlegenheit tief bedroht fühlen.

Ein weiteres Problem, das ein außerirdischer Kontakt der Religion bereiten würde, betrifft den Begriff der Seele. Neuere Fortschritte in der Computerentwicklung konfrontieren uns mit der Möglichkeit denkender Maschinen. Eines der Hauptunterfangen heutiger Philosophie ist es zu untersuchen, ob Computer ein Bewußtsein oder gar eine Seele haben können. Während die Beziehung zwischen Geist und Körper noch ein unlösbares Problem zu sein scheint (siehe auch Kapitel 5), sehen wir uns mit der Möglichkeit konfrontiert, daß sich außerirdische Wesen als Roboter erweisen könnten. Die Botschaft selbst wird mit Sicherheit von einer Maschine kommen. Eine Art Computersystem wird sie wahrscheinlich entworfen und unter Kontrolle haben, und bestenfalls die erste Initiative wird bei einer intelligenten Nicht-Maschine gelegen haben.

Einiges spricht dafür, daß biologische Intelligenz vielleicht nur eine Übergangsphase in der Entwicklung bewußter Intelligenz im Universum darstellt. Nach nur wenigen Jahrhunderten technischer Evolution ist die Menschheit an einen Punkt gelangt, wo Maschinen viele «smarte» Funktionen erfüllen, die bisher Menschen vorbehalten waren (zum Beispiel spielen sie Schach wie ein Großmeister, sie übersetzen Texte von einer Sprache in die andere und können Bücher vorlesen). Computerforscher spekulieren bereits, daß es vielleicht nur noch eine Frage von Jahrzehnten ist, bis wirklich intelligente, bewußte Maschinen zur Verfügung stehen. Da man Computer benutzt, um bessere Computer zu konstruieren, ist der Fortschritt in künstlicher Intelligenz in hohem Maße nichtlinear. Die Eskalation der Fähigkeiten könnte dazu führen, daß der menschliche Intellekt bald nicht mehr mithalten kann. Wenn es dazu käme, so wird spekuliert, würden *wir* von *denen* abgelöst, und fortan würden die meisten großen Gedanken und Taten von Robotern gedacht und vollbracht.

Vielen ist diese Ansicht gänzlich zuwider, obwohl es keinen Grund gibt, weshalb der Mensch verschwinden müßte, sobald Maschinenintelligenz existiert. Wir können sogar hoffen, daß die Roboter sich mehr um ihre denkenden Zeitgenossen kümmern werden als wir Menschen und daß wir uns auf eine dauerhaft friedliche, wenn auch nicht ebenbürtige Koexistenz freuen können. Wir dürfen auch nicht vergessen, daß der Unterschied zwischen «natürlich» und «künstlich» schon heute zu verschwimmen beginnt und bald ganz wegfallen könnte. Es ist vorhersehbar, daß man zur Erhöhung der Leistungsfähigkeit eines Tages Mikrochips ins menschliche Gehirn und ins Nervensystem einsetzen wird. Umgekehrt untersuchen Wissenschaftler schon heute Möglichkeiten, organisches Material in Computern zu benutzen. Bald könnten wir in der Lage sein, Computerkomponenten organisch zu züchten oder Hirngewebe in elektronische Automaten einzubauen. Die florierende Forschung auf dem Gebiet sogenannter neuronaler Netze – künstlicher, computersimulierter Informationsnetzwerke, deren Architektur, im Gegensatz zu herkömmlichen Computern, weitgehend das menschliche Hirn imitiert – hat dieses Szenario weiter vorangetrieben. Neuronale Netze sind flexibler als normale Computer und «lernen» aus Erfahrung.

Wenn diese Zukunftsperspektiven auch nur annähernd zutreffen, dann wird die Mühsal der Erforschung des Universums irgendwann einmal Maschinen oder eigens synthetisierten Biorobotern überlassen sein. Maschinen sind schließlich anpassungsfähiger als Fleisch und Blut (oder das außerirdische Pendant davon) und daher besser geeignet, in feindlicher Umgebung schwierige und gefährliche Aufgaben durchzuführen. Auf dieses Thema werde ich in Kapitel 4 zurückkommen.

Man muß nicht unbedingt glauben, daß in allen Zivilisationen Maschinen die Führung übernehmen, um die enorme Bedeutung dieser Perspektive zu erkennen. Für Maschinen gelten viele der Begrenzungen nicht, denen die Biologie unterliegt. Zum Beispiel könnten sie Gehirne fast beliebiger Größe besitzen und sich eingebauter Reparatur- und Austauschmechanismen erfreuen, die sie praktisch unsterblich machen. Sie würden weder Müdigkeit noch Langeweile kennen, so daß sie lange und eintönige Aufgaben (wie etwa das Millionen von Jahren lange Abwarten der Antwort auf eine freundliche Radiobotschaft) klaglos überstehen könnten. Offenbar wären solche Maschinen in vieler Hinsicht weit leistungsfähiger als natürliche, biologische Wesen. Folglich würden sie sich technisch und auf anderen Gebieten weit schneller entwickeln als ihre ursprünglichen Schöpfer. Wenn nur eine einzige Gemeinschaft solcher Maschinenwesen in unserer Galaxis existierte, müßte sie erhebliche Wirkung zeigen. Selbst wenn biologische Wesen von Zeit zu Zeit versucht haben, Funkkontakt aufzunehmen, ist es doch wesentlich wahrscheinlicher, daß die Maschinen mit ihrer überlegenen technischen Intelligenz und ihrer grenzenlosen Geduld den «Äther» beherrschen. Wenn also intelligente Maschinen überhaupt möglich sind, dann ist es fast ausgeschlossen, daß eine solche Maschine *nicht* die Quelle einer zufällig empfangenen Radioübertragung wäre.

Im Falle eines Funkkontakts mit Außerirdischen wäre es mit Sicherheit eines der ersten Ziele, festzustellen, ob wir es mit maschineller oder organischer

Intelligenz zu tun haben. Sollte sich herausstellen, daß eine Maschine die Botschaft gesandt hätte, so wäre damit bewiesen, daß Geist nicht nur in biologischen Organismen anzutreffen ist. Dies hätte enorme Auswirkungen auf jahrtausendealte philosophische und religiöse Fragen wie zum Beispiel das Geist-Körper-Problem, die Existenz der Seele und das Leben nach dem Tod.

Die Entdeckung, daß die Menschheit nicht den Gipfel evolutionären Fortschritts darstellt, würde sich als zweischneidig erweisen. Einerseits könnte sie dazu führen, daß die Menschen sich demoralisiert, an den Rand gedrängt und unterlegen fühlen. Andererseits gäbe die Erfahrung, was durch stetigen Fortschritt erreichbar ist, sicherlich Anlaß zu Freude und Ermutigung. In jedem Fall wäre kaum denkbar, daß die Weltreligionen nach dem Empfang einer außerirdischen Botschaft in auch nur annähernd ähnlicher Form wie heute weitermachen könnten. Ganz abgesehen von den Konsequenzen möglicher Maschinenintelligenz wäre zu bedenken, wie der Inhalt einer solchen Botschaft unser Weltbild und unser Verhalten ändern würde. Niemand kann abschätzen, welche philosophischen und wissenschaftlichen Einsichten uns von einer Gemeinschaft zuteil würden, die auf Milliarden von Jahren des Denkens und Nachdenkens zurückblicken kann. Dieses Wissen und diese Weisheit würden sicherlich zu dramatischen Veränderungen in der Struktur unserer Institutionen und in unserer allgemeinen Sicht des Lebens führen. Was die Religionen angeht, wäre es denkbar, daß die Außerirdischen Theologie und religiöse Praxis längst als primitiven Aberglauben aufgegeben hätten und uns in kurzer Zeit dazu bewegen würden, dasselbe zu tun. Wenn sie dagegen an einem spirituellen Aspekt ihres Daseins festhielten, dann hätten wir uns einzugestehen, daß dieser in seiner Entwicklung dem unseren weit voraus sein muß. Und wenn sie etwas praktizierten, das im entferntesten an eine Religion erinnert, so würden wir unseren eigenen Glauben wohl bald aufgeben und uns zu dem ihren bekehren lassen.

Zufall

Auch die Theorie, das Leben auf der Erde sei Ergebnis eines höchst unwahrscheinlichen Zufalls, wäre durch den Empfang einer Nachricht aus dem All nachhaltig diskreditiert. Wie in Kapitel 2 erklärt, macht die endliche Geschwindigkeit des Lichts es unmöglich, ein Signal aus Regionen des Universums zu empfangen, die mehr als ein paar Milliarden Lichtjahre entfernt sind. Wenn also eine fremde Zivilisation innerhalb unseres Teilchenhorizonts existierte, dann wäre damit bewiesen, daß Leben sich wenigstens zweimal entwickelt hat.

Um diesen Schluß abzusichern, wäre es jedoch notwendig, zu zeigen, daß die Außerirdischen keinen Vorfahren mit uns teilen. Wie schon erwähnt, gibt es mehrere Panspermie-Theorien, die die Möglichkeit in Erwägung ziehen, Organismen könnten sich über die Milchstraße verbreitet haben. Daneben wird es als denkbar erachtet, daß die Erde von fremden Wesen besucht worden ist. Wie könnten wir also sicher sein, unser Leben und jenes von Außerirdischen, die sich in einer Botschaft bemerkbar machen, wären völlig unabhängig voneinander entstanden?

Vor mehreren Jahren wurde die NASA-Sonde Pioneer 10 zum ersten Objekt von Menschenhand, welches je das Sonnensystem verlassen hat. Heute befindet sie sich auf der Reise durch den interstellaren Raum und wird sich für viele tausend Jahre keinem Stern nähern. Die Sonde trägt eine Plakette mit einer Reihe einfacher Informationen über den Menschen, darunter Bilder einer Frau und eines Mannes. Die Plakette stellt eine Art interstellare Flaschenpost dar und ist im wesentlichen nur von symbolischer Bedeutung, denn die Wahrscheinlichkeit, daß Pioneer 10 in den unermeßlichen Tiefen des Raumes je von fremden Wesen entdeckt wird, ist verschwindend. Eine kompliziertere Nachricht hat man am sechzehnten November 1974 vom Arecibo-Radioteleskop aus in Richtung des Sternhaufens M 13 gefunkt, der in etwa 25000 Lichtjahren Entfernung im Sternbild Herkules zu finden ist. Das Signal lag bei einer Wellenlänge von 2380 MHz und hatte eine effektive Stärke von drei Billionen Watt. Es war damit das stärkste Funksignal, das je ein Mensch gesendet hat.

Nehmen wir einmal an, wir fänden ein Bild, das humanoide Außerirdische zeigt. Wäre das ein Beweis, daß wir mit den abgebildeten Wesen verwandt sind? Die äußere Gestalt der Wesen würde nicht unbedingt helfen, diese Frage zu entscheiden, denn in der Biologie ist Konvergenz, durch die sich in ganz verschiedenen Spezies ähnliche Organe entwickeln, ein wohlbekanntes Phänomen. So ist das Auge auf vielen ganz unterschiedlichen Wegen entstanden. Die Gliedmaßen von Fischen und schwimmenden Säugetieren basieren auf völlig verschiedenen Strukturen. Fledermäuse und Vögel zeigen oberflächliche Ähnlichkeiten, doch die Flügel einer Fledermaus haben im Rahmen der Evolution einen vollkommen anderen Ursprung als die eines Vogels. Es wäre also auch denkbar, daß uns außerirdische Wesen aus Gründen der evolutionären Konvergenz oberflächlich ähnlich sehen, obwohl diese Idee von vielen Biologen als absurd und engstirnig abgelehnt wird. (Manche Biologen behaupten, selbst die einfachsten Merkmale, zum Beispiel die *vier* Arme und Beine der irdischen Landsäuger, seien zufällig und würden sich in einer Neuauflage der Evolution wahrscheinlich nicht wiederholen.)

Im nachhinein fällt es nicht schwer, gute Gründe zu finden, weshalb ein intelligentes Lebewesen ein ungefähr rundes Gehirn haben sollte, verpackt in einer schützenden Schale und in sicherer Entfernung vom Erdboden, Sinnesorgane in der Nähe des Hirns (zur Verkürzung der Informationswege), Gliedmaßen zur Fortbewegung (und zwar in gerader Anzahl, wegen der Stabilität, und nicht zu viele, wegen des Wirkungsgrads). Der Mensch scheint in etwa so gebaut zu sein, wie es sich für einen intelligenten Organismus gehört – sagt der Mensch. Doch was sollte er wohl sonst sagen? Unsere Ignoranz bezüglich des Evolutionsprozesses ist so tief, daß die Frage, wie es gerade zu unserer physischen Gestalt gekommen ist, sich noch nicht beantworten läßt. Es ist jedoch klar, daß die rein äußerliche Ähnlichkeit mit einem fremden Wesen kein zwingender Grund ist, einen gemeinsamen Vorfahren zu vermuten.

Ein härterer Test wäre die Bestimmung der biochemischen und genetischen Beschaffenheit der Fremdlinge. Beruht sie auf DNS und Proteinen? (Wir erinnern uns, daß jedes Signal wahrscheinlich Jahrhunderte bräuchte, uns zu erreichen. Das heißt, wir wären lange Zeit nicht in der Lage, die Wesen zu befragen. Ich gehe davon aus, daß Außerirdische, die sich schon die Mühe machen, ein Signal zu senden, auch daran dächten, in der ersten Botschaft Informationen zu liefern, die uns in einigen dieser brennenden Fragen weiterhelfen würden.) Möglicherweise würde eine Funkbotschaft ein detailliertes biochemisches Rezept enthalten, das uns erlaubte, den Entsender hier auf der Erde «nachzubauen», wie es Fred Hoyle in seinem Science-fiction-Hörspiel *A für Andromeda* in den sechziger Jahren vorwegnahm.

Natürliche Prozesse hoher Wahrscheinlichkeit

Welcherart auch immer die Botschaft wäre, wenn sie Informationen über eine *andere* Biochemie enthielte, sollte das als Beweis eines unabhängigen Ursprungs von Leben genügen. Würde das außerirdische Leben dagegen auf DNS und Proteinen beruhen wie das unsere, dann hätten wir unter zwei Möglichkeiten zu wählen: Entweder haben beide Gesellschaften den gleichen Ursprung (entsprechend der Panspermie-

Theorie und ihrer Varianten), oder die Evolution des Lebens vollzieht sich in hochgradig nichtdarwinistischer und bemerkenswert zielgerichteter *(teleologischer)* Weise, indem sie Materie auf bestimmte, sehr spezifische und hochkomplexe chemische Strukturen zu steuert.

In Anbetracht des Einflusses, den Darwins Theorie auf Wissenschaft, Religion und Gesellschaft hatte, wären die Fragen, die eine Entdeckung außerirdischer DNS aufwerfen würde, von immenser Bedeutung. Wie schon in Kapitel 2 bemerkt, ist das dominierende wissenschaftliche Denkmodell seit Newtons Zeiten gegen Teleologie, das heißt, gegen jede Andeutung einer zielorientierten oder progressiven Seite der Natur eingestellt. Und es ist dieses *wissenschaftliche Paradigma*, aus dem viele Forscher so düstere, deprimierende Schlüsse über unseren Platz im Universum ziehen. Ich will hier nur zwei zitieren. Der französische Biologe Jacques Monod schreibt:

> Der uralte Bund liegt in Trümmern. Nun weiß der Mensch endlich, er ist allein in der gefühllosen Unermeßlichkeit des Universums, aus der er nur zufällig hervorgegangen ist. Weder seine Berufung noch seine Bestimmung stehen festgeschrieben.

Dieses tiefe Empfinden hallt auch in der Bemerkung des Physikers Steven Weinberg wider:

> Je mehr wir vom Universum zu verstehen scheinen, desto sinnloser erscheint es.

Diese Wissenschaftler gründen ihre Vorstellungen auf den Glauben, die Vorgänge in der Natur seien im wesentlichen zufallsbestimmt, ohne Sinn oder Zweck. Monod glaubt, DNS sei ein «eingefrorener Zufall», der sich kaum noch irgendwo anders im Universum ereignen würde. Daraus schließt er, wir seien allein. Die Entdeckung einer DNS, die sich unabhängig an anderer Stelle im Universum gebildet hat, würde diese Beweiskette endgültig sprengen, womit die traurigen philosophischen Konsequenzen, die ihr entspringen, hinfällig wären.

4

Argumente gegen die Existenz außerirdischen Lebens

Es gibt eine Reihe wissenschaftlicher und philosophischer Argumente gegen die Existenz außerirdischer Wesen, die ein Erfolg des SETI-Programms direkt widerlegen und damit die Prämissen in Frage stellen würde, auf denen sie gründen. In diesem Kapitel will ich drei solche Argumente vorstellen: Carters anthropisches Prinzip, Fermis «Wo sind sie?»-Frage und das neodarwinistische Argument des Zufalls.

Carters anthropisches Prinzip

In seinem denkwürdigen Vortrag am Sitz der *Royal Society* zu London stellte der Astrophysiker Brandon Carter 1983 seine Ideen über das sogenannte anthropische Prinzip vor, das inzwischen Thema zahlreicher Texte ist. In seiner praktischsten Form liefert das anthropische Prinzip eine plausible Erklärung für bestimmte scheinbare Zufälle oder Mutwilligkeiten der Natur, indem es eine Verbindung zwischen deren Beobachtung und unserer Anwesenheit als Beobachter herstellt. Zur Veranschaulichung nenne ich zunächst eine einfache Anwendung des Prinzips, die unsere räumliche Position im Universum betrifft. Der

Mensch lebt auf der Oberfläche eines Planeten, einem im Kosmos, der größtenteils aus fast leerem Raum besteht, höchst untypischen Ort. Andererseits sollte uns dies nicht überraschen, da der Mensch im kosmischen Vakuum nicht überleben könnte. Es ist also eigentlich kein Zufall, daß wir auf der Oberfläche eines Planeten leben, der genau die stabile Umwelt zur Verfügung stellt, in der Leben gedeihen kann. Hier ist ja die Wahrscheinlichkeit für die Entstehung biologischer Organismen am größten.

Ein vertrackteres Beispiel betrifft unsere Position in der Zeit. In den dreißiger Jahren bemerkten der britische Astronom Sir Arthur Eddington und der Physiker Paul Dirac, daß das Alter des Universums in Einheiten der Planck-Zeit[1] fast genau dem Stärkeverhältnis von elektromagnetischen und Gravitationskräften im Atom entspricht (beides ist etwa 10^{40}). Der amerikanische Astrophysiker Robert Dicke bezweifelt, daß dies ein Zufall ist, und sagt, es habe vielmehr anthropische Gründe. Das Alter des Universums ist nichts anderes als die Zeitspanne zwischen dessen Entstehung und der Epoche, in der wir gerade leben. Wodurch, fragt Dicke, ist diese Spanne bestimmt? Das Leben, wie wir es kennen, erfordert die Existenz von Kohlenstoff und anderen «schweren» Elementen, die es unmittelbar nach Geburt des Universums noch kaum gab. Kohlenstoff, Sauerstoff, Stickstoff usw. brauten sich erst im Inneren von Sternen zusammen, bevor Supernova-Explosionen die Sterne zerstäubten und die Elemente im Kosmos ver-

1 Die Planck-Zeit ist der Quotient aus der Energie eines Lichtquants und der zugehörigen Lichtfrequenz.

teilten. Eine Biologie wie auf der Erde konnte also frühestens entstehen, nachdem die erste Sterngeneration ihr Leben ausgehaucht hatte. Auf der anderen Seite ist die Entstehung von Leben nach mehreren Sterngenerationen recht unwahrscheinlich, da es bald an geeigneten Sternen mangeln würde. Wir sollten also nicht überrascht sein, daß wir uns in einer kosmischen Epoche zwischen einer und mehreren Sternlebenszeiten nach dem Urknall befinden.

Nun ist die Lebensdauer eines Sterns durch die physikalischen Prozesse festgelegt, die seinen Brennstoffverbrauch und seine Energieabgabe bestimmen. Wie sich herausstellt, hängen diese Verlustraten vom Verhältnis der elektromagnetischen Kraft zur Gravitationskraft ab. Dicke konnte zeigen, daß die *Koinzidenz* der großen Zahlen, auf die Eddington und Dirac hingewiesen hatten, in Wirklichkeit kein Zufall war, sondern eine Konsequenz der Sternlebensdauer. Der Zeitpunkt unseres Auftauchens, der auch von dieser Lebensdauer abhängt, «selektiert» dann ein Alter des Universums, so daß es in fundamentalen Einheiten höchstens um etwa einen Faktor zehn von dem Kräfteverhältnis abweicht, das die Sternlebensdauer bestimmt.

In seinem Vortrag von 1983 machte Carter auf eine andere, ähnliche Koinzidenz bezüglich unserer Position auf der kosmologischen Zeitskala aufmerksam. Nach seiner Entstehung auf der Erde brauchte das Leben etwa 4 Milliarden Jahre, bis es die Stufe fortgeschrittener Intelligenz erreichte. Die Lebenserwartung der Sonne ist jedoch nicht höher als 10 Milliarden Jahre, und die Erde wird in vielleicht ein oder zwei Milliarden Jahren nicht mehr bewohnbar sein. Die Zeit der Evolution von der Mikrobe zum Menschen ist also bis auf einen Faktor 2 identisch mit der Dauer der stabilen Phase der Sonne. Ist dies ein Zufall? Schließlich ist das Tempo der biologischen Evolution vollkommen unabhängig von den physikalischen Prozessen, die bestimmen, wie schnell die Sonne und andere Sterne altern.

Wenn diese Entwicklungen wirklich unabhängig sind, könnte die Übereinstimmung der Zeitskalen nach Carters Argumentation eine anthropische Erklärung haben. Im Kern geht er davon aus, daß die Entstehung intelligenten Lebens ein äußerst unwahrscheinliches Ereignis ist. Selbst nach der typischen Sternlebensdauer von mehreren Milliarden Jahren ist die Wahrscheinlichkeit weit unter 1. Die Wahrscheinlichkeit pro Zeiteinheit, etwa pro Jahr, ist in guter Näherung identisch mit Null. Wenn also dieses Ereignis irgendwo im Universum eintritt, wird dies nach dem Verstreichen der maximal verfügbaren Zeit geschehen, das heißt gegen Ende der «bewohnbaren» Phase eines Sternsystems, denn wenn etwas nach einer Zeit *t* sehr unwahrscheinlich ist, dann ist es nach einer sehr viel kürzeren Zeit noch viel unwahrscheinlicher. Wenn es zutrifft, daß unsere Entwicklung auf der Erde ungefähr die maximale erlaubte Zeit gebraucht hat, dann haben wir damit einen empirischen Beweis, daß die Entwicklung intelligenten Lebens höchst unwahrscheinlich ist und sich daher wohl nirgendwo anders als auf der Erde ereignet hat.

An dieser Stelle ist darauf hinzuweisen, daß die

Realität *unserer* Existenz nicht als Argument dafür dienen kann, es gäbe eine bestimmte Wahrscheinlichkeit für die Entstehung intelligenten Lebens. Sonst könnte nämlich auch jeder Lottokönig denken, jeder andere würde gewinnen. Wie unwahrscheinlich intelligentes Leben a priori auch sein mag, so bleibt es dennoch Tatsache, daß *wir* existieren. Auf dieser Grundlage können wir sagen, daß all die höchst unwahrscheinlichen Schritte auf dem Weg zu intelligentem Leben einmal geschehen sein müssen. Es folgt jedoch nicht, daß es mehr als einmal passiert ist.

Um diese Ideen zu präzisieren, benutzte Carter die Annahme, es gäbe n solcher Schritte in der Evolution bewußter, intelligenter Wesen (sprich Menschen). Die Wahrscheinlichkeit, daß diese Schritte nach einer Zeit t abgeschlossen wären, wächst dann wie $t \cdot n$. Nennen wir T die Zeitspanne, während der die Erde bewohnbar ist. Wenn wir fordern, daß alle n Schritte vor Ablauf von T abgeschlossen sein müssen (sonst wären wir nicht hier), dann errechnet sich die *Erwartungszeit* zu $T \cdot n/(n+1)$, oder, nach der bewohnbaren Zeit aufgelöst, die noch zur Verfügung steht, $T - t = T/(n+1)$. Damit wird folgendes deutlich: je größer die Zahl n der notwendigen Schritte, desto näher sollte die Epoche intelligenten Lebens dem «Ende» sein.

Unter der optimistischen Annahme, daß T das Doppelte des Erdalters beträgt und die Erde noch für einige Milliarden Jahre bewohnbar bleiben wird, kommen wir zu dem bemerkenswerten Schluß, daß n zwischen 1 und 2 liegen müßte. In der Entwicklung des genetischen Codes und der höheren Hirnfunktionen sieht Carter zwei solcher möglichen Schritte, doch Biologen sind der Meinung, *n* müsse eine sehr große Zahl sein. Dann aber muß nach Carter die Zeit, die uns noch bleibt, *T–t,* sehr viel kürzer sein als mehrere Milliarden Jahre. Wenn zum Beispiel *n* = 100 000 ist, dann wäre *T–t* nur wenige zigtausend Jahre. In ihrem Standardwerk *The Anthropic Cosmological Principle* stützten John Barrow und Frank Tipler Carters Thesen, indem sie den «baldigen Untergang» als die wahrscheinlichere Voraussage bezeichnen und die Erde auf eine ökologische Katastrophe zusteuern sehen, die sie in relativ naher Zukunft für intelligentes Leben unbewohnbar machen wird.

Die Entdeckung irgendeiner Form außerirdischen Lebens, das sich unabhängig von uns entwickelt hätte, würde Carters Argument natürlich sofort zunichte machen. Der Umstand, daß die Zeitskala der Evolution von Intelligenz in derselben Größenordnung liegt wie die Phase der Bewohnbarkeit eines typischen Planeten, wäre dann nur noch als ein bemerkenswerter Zufall zu betrachten.

Carters Koinzidenz könnte jedoch auch eine andere Erklärung haben. Sein Gedankengang basiert auf der Annahme, daß die Entwicklung intelligenten Lebens statistischen Regeln folgt und auf *n* zufallsbedingten Schritten beruht. Was aber, wenn es sich gar nicht um ein unwahrscheinliches Ereignis handelt? Es könnte, ganz im Gegenteil, eine geradezu unausweichliche Konsequenz physikalischer Gesetze sein, wie ich in Kapitel 5 ausführen werde. Sollte es eine gesetzmäßige Tendenz zur Entstehung intelligenten

Lebens geben, dann sollten diese Gesetze auch die Zeitskala beschreiben, in der die Evolution geschieht. Vermutlich würde sich diese Beschreibung normaler physikalischer Größen bedienen – derselben Parameter, die die Lebensdauer von Sternen bestimmen. Und dann wird auch vorstellbar, daß diese zwei anscheinend unabhängigen Zeitskalen in ihren zugrundeliegenden Prozessen durch eine gemeinsame Physik in Verbindung stehen.

Fermis «Wo sind sie?»

Vor vielen Jahren sagte der große italienische Physiker Enrico Fermi, wenn intelligentes Leben im Universum nichts Ungewöhnliches wäre, dann müßte die Erde längst eine Kolonie der Außerirdischen sein. «Wenn es sie gäbe, dann wären sie jetzt hier.» Die Erde ist bedeutend jünger als das Universum. Wenn also fremde Zivilisationen möglich sind, dann sollten viele schon vor Milliarden von Jahren entstanden sein und genügend Zeit gehabt haben, zu uns zu finden. Da es aber kein Indiz gibt, daß Außerirdische während der vier Milliarden Jahre alten Erdgeschichte je unseren Planeten besucht oder gar kolonisiert haben, schließt Fermi (der, wenn man Tipler glaubt, damit nur ein jahrhundertealtes Argument auffrischte), daß wir allein sind im Universum.

Als Gegenargument hört man oft, daß Fermi unsere menschliche Neugier und unseren Entdeckungs- und Kolonisierungsdrang auch bei den unbekannten Außerirdischen voraussetzt. Wie können wir aber sicher sein, daß sie unseren leidenschaftlichen Vermehrungstrieb und unsere aggressive Neigung teilen, uns in jedem sich eröffnenden Umfeld auszubreiten? Andererseits bedürfte es nur einer einzigen solchen aktiv kolonisierenden Gemeinschaft in unserer Galaxis, um die passiveren und seßhafteren Völker zu verdrängen. Wenn, wie die SETI-Anhänger glauben, die irdische Lebensform typisch ist, dann muß man auch annehmen, daß die genannten menschlichen Eigenschaften kein Einzelfall sind.

In einem zweiten Einwand wird auf die enorme Größe der Milchstraße und auf die Vielzahl der Sterne hingewiesen. Beide Umstände würden es unendlich lange dauern lassen, bis eine ferne Zivilisation die Erde entdeckte. Vielleicht gibt es also die fremden Kolonisten irgendwo da draußen, und sie haben uns nur noch nicht bemerkt.

In einem lebhaften Briefwechsel zwischen Frank Tipler und Carl Sagan wird dieses Gegenargument eingehend diskutiert. Tipler geht von der Geschichte der Südseeinsulaner aus, die sich über den Pazifischen Ozean ausbreiteten, indem sie von Insel zu Insel «hüpften», mit Phasen der Konsolidierung zwischen den Kolonisationsschüben. Man kolonisierte eine neue Insel A, und sobald die Bevölkerung nach einer Reihe von Generationen eine gewisse Stärke erreichte, entsandten die Inselbewohner eine Expedition zur Nachbarinsel B, wo sich wiederum ein Gemeinwesen etablierte, das beizeiten die Insel C übernahm, und so weiter. Im galaktischen Maßstab könnte man sich einen ganz ähnlichen Prozeß des «Planetenhüpfens» vorstellen.

Diese Art der Kolonisierung führt naturgemäß zu einer raschen Eskalation. Die Anzahl der bewohnten Planeten wächst *exponentiell.* Die Zeitskala exponentiellen Wachstums ist durch zwei charakteristische Parameter bestimmt: die durchschnittliche Reisezeit zwischen geeigneten Planeten, t_1, und die Konsolidierungszeit, t_2, die eine Kolonie benötigt, bevor sie eine interstellare Expedition zum nächsten Planeten auf den Weg schicken kann. Die Reisezeit ist durch die Lichtgeschwindigkeit begrenzt. Die Zeit, die das Licht zu einer Durchquerung der Milchstraße braucht, ist mit 100000 Jahren jedoch erheblich kürzer, als unsere Galaxis alt ist (15 Milliarden Jahre). Sogar wenn ein Raumschiff mit nur einem Bruchteil der Lichtgeschwindigkeit reist, könnte es also in der zur Verfügung stehenden Zeit sehr oft von einem Ende der Galaxis zum anderen gelangen. Ein typischer Wert für t_1 wäre wahrscheinlich einige tausend Jahre. t_2 sollte nicht mehr als hundert Generationen entsprechen, im Falle der Menschheit also wenige tausend Jahre. t_1 und t_2 sind also vergleichbar, und die Summe von beiden ist weit unterhalb astronomischer oder biologischer Zeitskalen. Wegen des exponentiellen Charakters der Kolonisation könnte die Milchstraße schon längst «überrannt» worden sein, wie man leicht sieht: mit $t_1 + t_2 = 10000$ Jahre würde sich die Zahl der kolonisierten Planeten in genau dieser Zeit verdoppeln. Wenn wir annehmen, es gebe 10^9 geeignete Planeten in der Galaxis, dann wäre die gesamte Kolonisation in weniger als einer Million Jahren abgeschlossen. Tipler denkt, die «bemannten» Expeditionen der orthodoxen Science-fiction-Literatur wären wenig effektiv und daher unwahrscheinlich. Dieselben Ziele könnte man viel leichter erreichen, wenn man intelligente Maschinen losschickte. Eine einfache Strategie wäre, eine relativ kleine und leichte Maschine zu konstruieren, die in der Lage ist, auf einem geeigneten fernen Planeten zu landen und dort Tausende befruchteter Eier auszubrüten. Oder man programmiert die Maschine, eine große Raumstation in dem erwählten Planetensystem zu bauen. Die Maschine könnte für die «Sternkinder» sorgen und sie erziehen, ihnen ihre Rolle in der Erforschung des Universums erklären und sie darauf vorbereiten, den nächsten Schritt zu tun, ähnliche Maschinen in andere Sternsysteme zu befördern und Informationen an die ursprüngliche Zivilisation zu übermitteln.

Der letzte Schritt wäre der Bau der nach John von Neumann prinzipiell möglichen selbstproduzierenden Allzweckmaschine. (Die Erde ist natürlich voller solcher «Maschinen», die wir gewöhnlich *Tiere* nennen.) Es wäre dann nicht mehr nötig, befruchtete Eier zu verschicken. Die Maschine hätte alle Fähigkeiten organischer Wesen, einschließlich der Fähigkeit zur Schaffung solcher Wesen aus den bekannten Rohmaterialien. Stellen wir uns vor, wir senden eine Neumann-Maschine zu einem anderen Planeten, übermitteln ihr den Code der menschlichen DNS und lassen sie dort Menschen entwickeln. Diese Strategie könnte die erheblichen Kosten der Raumfahrt dezimieren und würde dazu führen, daß die Galaxis mit ähnlichen Missionen überflutet würde. Nach derselben Logik könnten wir erwarten,

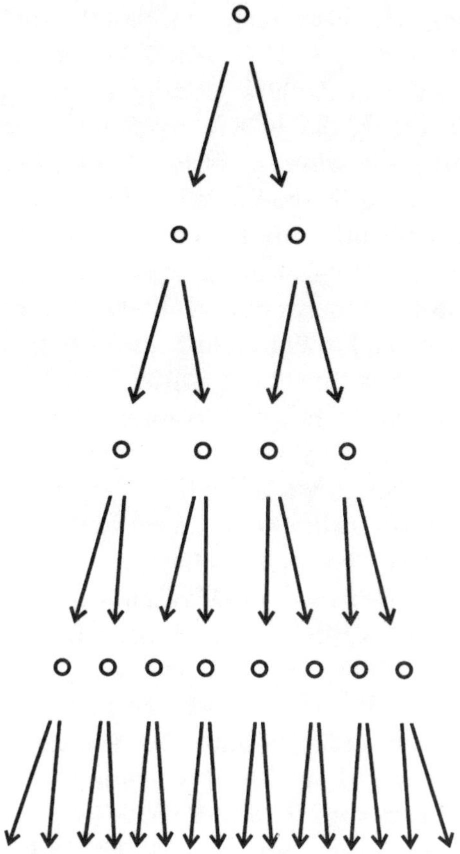

Eine Kolonisation von Planet zu Planet könnte in kurzer Zeit die gesamte Galaxis bevölkern. Intelligente Wesen (oder Maschinen) werden vom Ursprungsplaneten zu geeigneten anderen, nahen Planeten entsandt, wo sie Kolonien aufbauen, die nach einer Zeit wiederum neue Kolonisten auf den Weg schicken. Durch exponentielles Wachstum würde dieser Prozeß rasch zur Besiedelung aller geeigneten Himmelskörper in der Galaxis führen.

daß fremde Zivilisationen uns damit längst zuvorgekommen sind.

Die Pointe an Tiplers Überlegungen ist jedoch, daß die Technik, die zu einem solchen galaktischen Programm nötig wäre, nicht wesentlich verschieden ist von der Technik, die Funksignale ermöglicht. Und auch die Motivation hinter dieser Form der Erforschung und Kolonisation unterscheidet sich kaum von der Motivation für eine Kontaktaufnahme durch Funkwellen. Tipler zieht den Schluß, es gebe keinen Grund zur Annahme, die Außerirdischen würden sich erst die Mühe machen, Radiosignale zu senden, anstatt gleich eine «Invasion» zu starten.

Als Einwand gegen das SETI-Programm ist Tiplers Idee nicht von der Hand zu weisen, obwohl er zur Ablehnung der Existenz außerirdischen Lebens an sich nicht ausreicht. Der Mensch verfügt über die Technik, über Millionen von Jahren Botschaften an viele fremde Planeten auszustrahlen, doch niemand schlägt ernstlich vor, es wirklich zu tun, weder jetzt noch in absehbarer Zukunft. Die Schlüsselannahme von SETI ist, daß *andere* das Senden übernehmen. Wir benötigen nur einen winzigen Bruchteil unserer Ressourcen, weil wir uns damit begnügen, passiv auf ihre Botschaften zu lauschen. Das enorme Ungleichgewicht im Aufwand zwischen der sendenden und der empfangenden Seite bedeutet, daß das Kopernikanische Prinzip (daß wir vollkommen typisch sind) momentan außer Kraft treten muß, wenn SETI gerechtfertigt sein soll. Wir müssen annehmen, daß *sie* einen übermenschlichen Enthusiasmus aufbringen, indem sie über riesige Zeiträume große Geldsummen investieren und mit geringer Aussicht auf eine Antwort in alle Himmelsrichtungen Signale in den Äther donnern. Wenn wir nicht dazu bereit sind, warum sollten sie es dann sein? Die Abwesenheit von Neumann-Maschinen in unserem Sonnensystem könnte daher kommen, daß die Kosten einer Erforschung der Milchstraße, sei es nun durch Funkübertragungen oder mit Raumfahrzeugen, absolut untragbar sind. Sie muß absolut nicht bedeuten, daß es keine fremden Wesen dort draußen gibt.

Eine weitere Schwäche an Tiplers Argument sind dann auch seine Schätzungen bezüglich der Kosten der Weltraumerforschung. Sie beruhen auf einer einfachen Fortschreibung heutiger technischer und ökonomischer Trends und setzen mit übertriebenem Optimismus eine weltweite Kooperation, eine hohe Zuverlässigkeit von Geräten und die Abwesenheit unbekannter Risiken voraus. Trotz allem, was ich in Kapitel 3 über die «Übernahme» durch Maschinenintelligenz schreibe, erscheinen mir Tiplers Annahmen hinsichtlich der Machbarkeit von Neumann-Maschinen – im Grunde lebendige Computer von übermenschlicher Intelligenz – die Dinge über die Maßen zu vereinfachen. Wir haben absolut keine Ahnung, welche prinzipiellen Hindernisse einer solchen Entwicklung im Wege stehen könnten, und der kürzliche Fehlschlag der Observer-Mission zum Mars unterstreicht, wie verletzlich Technik im Weltraum ist. Die Vorstellung, eine von Menschen (oder von Außerirdischen) gemachte Maschine könnte in feindlicher Umgebung über Jahrmillionen fehlerlos funktionieren, wird kaum jemand als realistisch ansehen.

Eine Milliarden von Jahren alte Zivilisation könnte solche Probleme vielleicht überwinden, doch ebenso könnte es fundamentale «Grenzen des Machbaren» geben. In diesem Zusammenhang ist auf eine Erfahrung hinzuweisen, die uns die Chaostheorie gelehrt hat. Früher nahm man an, mit genügend Geldaufwand und mit Computern geeigneter Leistungsfähigkeit könnte man langfristige Wettervorhersagen beliebiger Genauigkeit erzielen. Wenn sich das Wetter jedoch im engeren, mathematischen Sinne chaotisch verhält, wie man inzwischen denkt, dann gibt es eine *fundamentale* (nicht nur technische oder finanzielle) Grenze für die Genauigkeit von Vorhersagen. Keine fremde Zivilisation, und sei sie technisch noch so fortgeschritten, könnte unser Wetter perfekt vorausberechnen. Die Existenz ähnlicher prinzipieller Grenzen auf dem Gebiet der Astronautik ist durchaus denkbar.

Das neodarwinistische Argument des Zufalls

Dies ist das machtvollste Argument von allen. Es gründet auf der Annahme, von der fast alle Biologen ausgehen, daß nämlich die Evolution keinem gesetzmäßigen Trend folgt, sondern ausschließlich dem Zufall. Diese These vom «blinden Uhrmacher» bekräftigen der Biologe Richard Dawkins in seinem gleichnamigen Buch und Stephen Jay Gould in seinen zahlreichen Werken über die Evolution. Wenn sie stimmt, dann beruht auch Intelligenz auf einer unwahrscheinlichen Reihe von Zufällen, die sich kaum irgendwo wiederholen wird. Wenn sich die Menschheit vernichten würde, dann wäre es sehr unwahrscheinlich, daß je eine andere Spezies unseren Platz auf der Erde einnimmt. Leben auf anderen Planeten, wenn es überhaupt existiert, würde fast sicher keine Intelligenz und kein Gemeinwesen produzieren, und viele Biologen führen das Argument weiter und sagen, der Ursprung des Lebens sei ein rein zufallsbedingtes, sehr unwahrscheinliches Ereignis, so daß Leben *irgendeiner* Art kaum anderswo vorkommen wird. Die Idee außerirdischen Lebens ist daher im Grunde antidarwinistisch.

Die Hypothese, daß die Entstehung und Entwicklung biologischer Organismen überwiegend vom Zufall bestimmt ist, ist so tief im neodarwinistischen Weltbild verwurzelt, daß es sich lohnt, ein wenig zu graben und festzustellen, was für die Welt der Wissenschaft auf dem Spiel steht, sollte außerirdisches Leben je entdeckt werden. In der Naturtheologie im neunzehnten Jahrhundert erreichten die Anstrengungen, die Existenz Gottes an Naturphänomenen zu demonstrieren, unerreichte Höhen. Die Idee des sogenannten Göttlichen Plans bezog ihre Hauptinspiration aus der Biologie. Danach wurden biologische Organismen mit Mechanismen gleichgesetzt, die nach einem bestimmten Plan konstruiert sind. Die unglaubliche Raffiniertheit, mit der irdische Organismen an ihre Umwelt angepaßt zu sein scheinen, wurde als Beweis dafür angesehen, daß es einen göttlichen «Ingenieur» geben muß. Der englische Geistliche William Paley erfand die berühmte Uhrenanalogie: Fänden wir zufällig eine Uhr und fragten uns, was es mit diesem Gerät auf sich hat, dann würden wir, selbst ohne etwas über den Zweck des Mechanismus zu wissen, an der Raffinesse, mit der die Einzelteile ineinandergreifen und zusammenwirken, sofort erkennen, daß es zu einem bestimmten Zweck konstruiert wurde. Wenn wir also in lebenden Organismen auf ebensolche Merkmale ineinandergreifender Kooperation stoßen, dann müssen wir auch dahinter einen zweckbestimmten Entwurf vermuten.

Darwins Evolutionstheorie zerschlug diese Version des Arguments (jedenfalls für den Bereich der Biologie, wenn auch nicht unbedingt für die Physik – siehe mein Buch *Gott und die moderne Physik*), indem er den göttlichen Konstrukteur durch einen blinden Uhrmacher ersetzte. Nach Darwin können zufällige Mutation und natürliche Auslese auf wirkungsvolle Weise den Anschein eines Planes erwecken.

Nach anfänglichem Widerstand gab die Kirche schließlich auf und akzeptierte Darwins Theorie. Fortschrittliche Theologen sahen in unserer evolutionsgemäßen Abstammung gar eine Manifestation göttlicher Geschicklichkeit und machten damit aus der Not eine Tugend. Sie hielten uns an, die schrittweise Entwicklung des Lebens auf der Erde als ein irgendwie von Gott nach einem vorgefaßten Plan inszeniertes oder geleitetes Geschehen zu betrachten, mit dem Menschen als Endprodukt. Diese theologische Sichtweise erhielt Unterstützung durch Ideen von Philosophen wie Bergson, Engels, Spencer und Whitehead, die glaubten, es gebe eine historische Dimension in Angelegenheiten der Natur und des Menschen, die allgemein in Richtung «Fortschritt» weise.

So kam in der Biologie der Begriff der «Fortschrittsleiter» auf, nach dem das Leben im Urschleim begann und sich langsam, aber unausweichlich zu Organismen immer größerer Komplexität und Raffinesse entwickelte, bis es schließlich den Menschen hervorbrachte. In diesem Schema stehen wir also ganz oben auf der Leiter und primitive Mikroben ganz unten. Die Anschauung setzt voraus, daß die Evolution in Richtung auf eine steigende Komplexität ausgerichtet ist, und zwar in einer Weise, daß sich Fortschritt einstellt und folglich die Wesen, die später entstehen, in gewissem Sinne «besser» sind als ihre Vorfahren. Der Mensch an der Spitze der Evolutionspyramide konnte seine besondere Beziehung zu Gott beibehalten, wenn auch nicht mehr so direkt wie nach der biblischen Schöpfungsgeschichte. Dieser Standpunkt kommt sehr schön in den Worten von Louis Agassiz zum Ausdruck:

> Die Geschichte der Erde kündet von ihrem Schöpfer. Sie zeigt uns, daß der Mensch Ziel und Zweck der Schöpfung ist. Der Mensch kündigt sich schon im ersten Erscheinen organisierter Lebewesen an, und jede Modifikation in der Reihe dieser Wesen ist ein Schritt in Richtung auf das letztendliche Ziel der Entwicklung organischen Lebens (den Menschen).

Wenn es aufgrund von Fossilfunden auch klar ist, daß das Leben mit sehr einfachen und primitiven Organismen seinen Anfang nahm und es auf eine Stufe verblüffender Komplexität und Organisation gebracht hat, so ist doch den Biologen jede Erwähnung evolutionären *Fortschritts* ein Greuel. Puristen sträuben sich gegen jeden Hinweis auf eine *Ausrichtung* in der Evolution, die sie als eine Wiedereinführung des Göttlichen Plans durch die Hintertür betrachten. Nachdem man vor langer Zeit Gott aus dem Paradies verbannt hat, weigern sich die Biologen, auch nur die Andeutung einer leitenden Hand einzuräumen, selbst wenn sie als Naturgesetz verbrämt wäre. «Die Evolution hat im Grunde nichts mit Fortschritt zu tun», sagt Dawkins, und Jay Gould ist noch entschiedener: «Die Idee des Fortschritts ist schädlich, kulturbedingt, unüberprüfbar, unbrauchbar und unbegründbar. Sie muß aufgegeben werden, wenn wir die Zusammenhänge verstehen wollen.» Jeder Schritt der Evolution ist purer Zufall, «im Fluge erhascht», um Jacques Monods malerische Beschreibung zu benutzen. Die Natur würfelt irgendwelche Organismen zusammen, von denen nur wenige gedeihen. Die Evolution stolpert blind und ziellos, wo immer der Zufall sie hinführt. Es mag so scheinen, als gäbe es irgendeinen Zweck, doch dahinter steckt einfach nur Chaos.

Das Problem ist nun, daß Chaos eben *nicht* einfach ist, wie Wissenschaftler kürzlich entdeckt haben. Die Erforschung chaotischer Systeme in Physik, Chemie und Astronomie zeigt eine tiefe Verbindung zwischen anscheinend zufallsbestimmtem Verhalten und der spontanen Entstehung von Ordnung. Wie schon erwähnt, kann ein aus dem Gleichgewicht getriebenes System mit Hilfe von Selbstorganisation plötzlich in einen Zustand höherer organisatorischer Komplexität übergehen. (Mehr dazu in Kapitel 5.)

Selbstorganisation sehen wir überall in Physik und Chemie, so etwa in Supraleitern, Lasern, elektronischen Netzwerken, turbulenten Strömungen, chemischen Reaktionen und in der Bildung von Schneeflocken. Wir finden sie sogar in Wirtschaftssystemen. Es wäre erstaunlich, wenn die Biologie eine Ausnahme machte. Doch jede Andeutung, biologische Ordnung könnte sich spontan einstellen – das heißt, komplexe biologische Systeme hätten eine «eingebaute» Fähigkeit zur Ordnung –, wird als gefährliche Ketzerei angesehen.

Oft werden Systeme, die sich unter bestimmten Bedingungen selbst organisieren, unter anderen Umständen chaotisch. Forscher haben einen neuen Bereich entdeckt, den *Rand des Chaos*, wo Systeme auf Veränderungen äußerst sensibel reagieren, ohne vollkommen ihre Stabilität zu verlieren. Am Rand des Chaos besteht eine Koexistenz zwischen Unberechenbarkeit und schöpferischer, kohärenter Anpassung. Dies scheint mir gut die Natur des Lebens zu beschreiben, wo Freiheit und Flexibilität in einem (holistischen) Großphänomen integriert sind. Der Schlüssel zur Selbstorganisation am Rande des Chaos ist jedoch die Fähigkeit von Systemen, mit verblüffender Effizienz spontan organisierte Komplexität zu erzeugen.

Nach gegenwärtiger Interpretation bedeutet Darwins Theorie im Kern folgendes: Populationen lebender Organismen unterliegen zufälligen Veränderungen, wobei erfolgreiche Mutationen in einer Welt gnadenlosen Wettbewerbs einen erblichen Vorteil verleihen. Im Laufe der Zeit gewinnen besser angepaßte Varianten die Oberhand über die weniger gut angepaßte Konkurrenz. Diesem Wechselspiel zwischen zufälliger Variation und natürlicher Auslese verdanken wir, so wird weiter behauptet, die enorme Vielfalt und Komplexität des Lebens, die sich über Milliarden von Jahren aus der irdischen Ursuppe entwickelt hat.

Daß es Variation *gibt*, ist eine bewiesene Tatsache. Die Aussage, daß eine Auslese stattfindet, die den besser angepaßten Organismus bevorzugt, ist dagegen, genau genommen, ein «weißer Schimmel». An sich ist keine der beiden Aussagen zu bezweifeln, doch reichen sie aus, den gegenwärtigen Zustand der irdischen Biosphäre zu erklären? Konnten diese Mechanismen allein in der zur Verfügung stehenden Zeit so viele komplizierte und raffinierte Organe und Organismen produzieren?

In letzter Zeit hat der Biophysiker Stuart Kauffman eine alternative Theorie veröffentlicht, in der die neuen Ideen der Selbstorganisation und des Chaosrand-Phänomens zum Zuge kommen. Kauffman behauptet, die innere Tendenz komplexer Systeme, spontan Ordnung hervorzubringen, sei das «Rohmaterial», aus dem die Natur ihre Auslese treffen kann. Natürliche Auslese wirkt seiner Ansicht nach nur an der Oberfläche einer schon bestehenden biologischen Ordnung. Statt einer gibt es also zwei Kräfte des Wandels, wovon die Selbstorganisation die machtvollere ist und sich bisweilen gegen die Auslese durchsetzt. Im Ringen dieser Kräfte um die Richtung der Evolution neigt die Auslese dazu, biologische Systeme an den Rand des Chaos zu treiben, wo Wandel und Anpassung den größten Effekt haben.

Als Beleg für seine mutige These verweist Kauffman auf langjährige Studien mit mathematischen Modellen über sogenannte *Eignungslandschaften* – ein bildhafter Ausdruck für die Beschreibung biologischer Populationen im Rahmen von Höhen und Tiefen des Anpassungserfolgs. Vor einigen Jahren entdeckte er, daß sehr einfache Rechenmodelle von Gen-Netzwerken erstaunliche Fähigkeiten der Selbstorganisation aufwiesen, durch die ein anscheinend zufälliges Anfangsverhalten sich zu einem geordneten Zustand «kristallisieren» kann. Das Feld der Mathematik, auf dem Kauffman sich bewegt, ist die Boolesche Algebra, und ein Hauptteil seiner Arbeit besteht darin, die Ergebnisse Boolescher Netzwerktheorie in zerklüftete Eignungslandschaften umzusetzen.

Die mathematische und physikalische Basis ist so robust, daß sie sich sowohl auf die Frage nach dem Ursprung des Lebens als auch auf die Evolution anwenden läßt. Kauffman glaubt, nach den Gesetzen der Physik müsse sich aus einer leblosen chemischen Brühe unter den richtigen Bedingungen automatisch Leben entwickeln. Wunder oder haarsträubend unwahrscheinliche molekulare Zufälle sind nicht vonnöten. Chemische Selbstorganisation reicht vollkommen: «Leben ist eine zu erwartende, kollektiv selbstorganisierte Eigenschaft chemisch aktiver, periodischer Riesenmoleküle ... Wenn dies so ist, dann stehen dem Leben viele Wege offen, und sein Ursprung ist trotz seiner Fundamentalität ein einfacher Prozeß.»

Eine entscheidende Zutat in Kauffmans Theorie ist der autokatalytische Zyklus, in dem eine Ansammlung miteinander reagierender organischer Moleküle (Polymere) eine Komplexitätsschwelle erreicht, jenseits der sie ihre eigene Produktion zu katalysieren (anzutreiben) beginnen. Wie in Kapitel 2 erwähnt, wurde dieser Ansatz auch vom Biochemiker Manfred Eigen verfolgt. Kauffman behauptet weiter, dieses Netzwerk zusammenwirkender chemischer Reaktionen habe durch Selbstorganisation eine bestimmte Stufe der Evolution erreicht, lange bevor es Gene gab. Die Gen-Moleküle RNS und DNS übernahmen und verbesserten dann nur noch eine schon existierende biologische Ordnung.

Kauffmans Ideen bezüglich Selbstorganisation bringen im Endeffekt eine Art «Gesetz der wachsenden Komplexität» in die Biologie, das unangenehm an die alte Leiter des Fortschritts erinnert. Biologen hassen es, und Nichtbiologen halten es für bedeutungslos. Als Kosmologe sehe ich die Dinge in einem weiteren Kontext (den ich in meinem Buch *Die Urkraft* im Detail darlege). Es gibt gute Anhaltspunkte dafür, daß das Universum im Zustand gleichförmiger Einfachheit begann und erst in einer langen und komplizierten Abfolge selbstorganisierender Prozesse den Reichtum, die Vielfalt und Komplexität erreicht hat, die wir heute beobachten. Die biologische Evolution ist für mich nur ein Beispiel mehr für den gesetzmäßigen Trend zum Fortschritt, der das Universum durchdringt. Wie der britische Schriftsteller Ralph Estling einst schrieb: «Nur eine fortgeschrittene Lebensform kann bestreiten, daß das Leben in den letzten drei Milliarden Jahren Fortschritte gemacht hat.»

All dies bedeutet nicht, daß Darwins Theorie falsch ist. Sie ist lediglich unvollständig. Es wird auch nicht behauptet, die Evolution steuere auf ein vorbestimmtes Ziel zu. Der Zufall spielt zweifellos eine große Rolle in den Einzelheiten der Evolution, doch die allgemeine Strömung vom Einfachen zum Komplexen, von der Mikrobe zum Geist, erscheint mir als fundamentaler Aspekt der Naturgesetze. Diese Strömung, die auf der Erde zur Entstehung von Leben und Denken geführt hat, sollte dann auch anderswo im Universum wirksam sein. Die Entdeckung außerirdischen Lebens wäre ein machtvoller Beweis dafür.

Monod hat erklärt, wie biologische Evolution im Zusammenspiel von Zufall und Notwendigkeit fortschreitet. Mit Notwendigkeit meint er gesetzmäßige Unausweichlichkeit. Die Rolle des Zufalls übernehmen statistische Mutationen, für die Notwendigkeit steht die natürliche Auslese, die Ordnung erzwingt, indem sie systematisch Mutationen unterstützt, welche einen Vorteil verschaffen, und schädliche Mutationen eliminiert, bis eine Population gut an ihre spezielle ökologische Nische angepaßt ist. Wie Carter jedoch hervorgehoben hat, ist Monods Notwendigkeit selbst ziemlich zufallsbehaftet, da die Umwelt, die die Auslese durchführt, sich ebenfalls in recht zufälliger Weise verändert (etwa durch Klimawechsel, Asteroideneinschläge, Kontinentalverschiebungen usw.).

Dennoch hat selbst eine willkürliche «Notwendigkeit» zur Folge, daß evolutionärer Wandel bestimmten Pfaden folgt. Das Phänomen der biologischen Konvergenz, gemäß der die Natur von verschiedenen Anfängen ausgehend zu ähnlichen Lösungen eines bestimmten Problems gelangt, verrät einen gesetzmäßigen Trend. So ist das Auge im Laufe der Erdgeschichte anscheinend viele Male neu erfunden worden. Obwohl alle Augentypen den gleichen Zweck erfüllen, können die «Konstruktionen» sehr unterschiedlich sein (man betrachte zum Beispiel die Augen von Insekten, Fischen und Menschen, die alle verschieden funktionieren), was ihre unterschiedlichen Ursprünge im Rahmen der Evolution verrät. Die Erklärung ist einfach: Augen verschaffen offenbar einen so großen Überlebensvorteil, daß sie auf allen Evolutionslinien bevorzugt und immer weiter verfeinert werden.

Andere physische Merkmale sind vielleicht weniger dominant. Flügel gibt es anscheinend in nur drei oder vier grundsätzlich verschiedenen Ausführungen, und ein Lebewesen mit Rädern findet man überhaupt nicht. Viele Mutationen sind wahrscheinlich ausleseneutral und stellen nur eine zufällige Verschiebung dar. Stellen Sie sich einen unermeßlichen Raum möglicher Organismen vor, der sich zu Zuständen immer größerer Komplexität erstreckt. Die wirklichen Populationen der Erde erforschen diesen Raum, treiben von Möglichkeit zu Möglichkeit. Im orthodoxen Neodarwinismus folgt dieses Treiben weitgehend dem Zufall, und sicherlich erweckt die fossile Erdgeschichte nicht den Eindruck, als gäbe es einen bestimmten Plan oder ein Programm in den einzelnen Entwicklungslinien. Zuweilen wird der Artenfluß jedoch in einen bestimmten Kanal gelenkt, wo sich ein großer Auslesevorteil auftut, und es erscheint eine Richtung, entlang der sich eine Population entwickelt, um aus diesen Vorteilen (zum Beispiel dem Besitz von Augen) den größtmöglichen Nutzen zu ziehen. Die Annahme einer inneren Ausrichtung ist daher plausibel, sogar in diesem vereinfachten darwinistischen Bild. Persönlich würde ich auch die Möglichkeit tieferer, gesetzmäßiger Gründe für eine starke Kanalisation zu Zuständen größerer organisatorischer Komplexität offenlassen – vielleicht im Sinne von Kauffmans Gedanken –, die die natürliche Auslese überlagert und überwiegt. Dies wäre eine fundamentalere, mit allgemeineren kosmischen Prozessen verknüpfte Art von «Notwendigkeit», als Monod sie im Sinn hatte.

Was außerirdisches Leben angeht, stellt sich folgende Frage: Wie viele Merkmale irdischen Lebens gehen auf Zufälle zurück und wie viele auf Notwendigkeit? Ist insbesondere Intelligenz ein statistischer Zufall oder das Ergebnis eines «Trends»? Die meisten Biologen scheinen sie als Zufall zu betrachten. Ernst Mayr hat hierzu zu sagen:

> Wir wissen, daß die spezielle Art von Leben (ein System von Riesenmolekülen), die auf der Erde existiert, Intelligenz hervorbringen kann. Wir können ... nun fragen, wie hoch die Wahrscheinlich-

> keit war, daß dieses System Intelligenz produziert (man bedenke, daß dasselbe System in der Lage war, nicht weniger als 40 Augentypen zu entwikkeln).

Mayr fährt fort, indem er die große Anzahl von Königreichen, Klassen, Rängen und Arten auf der Erde betrachtet und darauf hinweist, daß «nur eine [Spezies], der Mensch» besitzt, was wir wirklich Intelligenz nennen können. Er schließt: «Verglichen mit der des Auges ist die Evolution der Intelligenz also unwahrscheinlich.» Wir sollten deshalb damit rechnen, daß außerirdische Lebewesen zwar Augen haben, doch keine Intelligenz.

Der Wissenschaftshistoriker C. Owen Lovejoy hebt den Unterschied zwischen Intelligenz und der Fähigkeit, zu erkennen und zu kommunizieren, hervor:

> «Intelligente» Lebewesen mögen sich auf anderen Planeten entwickeln, auf Wegen der Vererbung ähnlich wie auf der Erde, doch das Phänomen des «Erkennens», etwas ganz anderes als Intelligenz, muß äußerst selten sein.

Die Fähigkeit des Erkennens betrachtet er als reinen Glücksfall:

> Offenbar ist die Evolution des Erkennens weder Ergebnis eines evolutionären Trends noch eines Ereignisses selbst kleinster Wahrscheinlichkeit, sondern vielmehr Resultat einer Serie höchst spe-

zifischer evolutionärer Ereignisse, die letztlich auf eine Auslese gemäß unabhängigen Faktoren wie Fortbewegung und Ernährung zurückzuführen sind.

SETI-Anhänger argumentieren dagegen, Intelligenz sei in anderen Spezies sehr wohl ein Faktor der Auslese gewesen, zum Beispiel bei Affen, Delphinen und möglicherweise Vögeln. Sie weisen auf den offensichtlichen Überlebensvorteil der Intelligenz hin und sagen, sie würde sich auf anderen Planeten nach einer angemessenen Zeitspanne nahezu zwangsläufig entwickeln. Nach orthodoxer Auffassung ist es so gut wie ausgeschlossen, daß auf der Erde, nachdem die Menschheit durch eine globale Katastrophe ausgelöscht worden wäre, je wieder unsere Stufe der Intelligenz erreicht würde. Science-fiction-Geschichten über Affen, Delphine oder gar Ameisen, die nach kurzer Zeit unseren Platz einnehmen würden, entstammen dem Reich der Phantasie. Zuweilen wird behauptet, es gebe in bestimmten Spezies eine innere Strömung in Richtung Intelligenz. Futurologen stellen die Menschen der Zukunft oft als Wesen mit größerem Gehirn und auf natürliche Weise (nicht etwa durch Genmanipulation) höher entwickelter Intelligenz dar. Die fossile Erdgeschichte scheint einen mathematischen Trend im sogenannten *Enzephalisationsindex* (dem Verhältnis von Hirngewicht zu Körpergewicht) zu zeigen, doch dies darf nicht als eine teleologische Strömung auf das Ziel einer hohen Intelligenz zu gesehen werden.

Es gibt kaum einen Grund anzunehmen, außerirdische Wesen würden in ihrer Gestalt den Menschen ähneln. An der äußeren Erscheinung würden wir ein intelligentes Wesen vielleicht nicht erkennen (und es uns auch nicht).

Wenn die Evolution auf das Entstehen und die Verfeinerung von Intelligenz ausgerichtet ist, dann besteht diese Ausrichtung kaum in einer bestimmten «Kraft» oder Zielgerichtetheit innerhalb einzelner Spezies, sondern eher als Tendenz in der Biosphäre als Gesamtheit. Natürlich wird es stets eine Art geben, die «am intelligentesten» ist (auf der Erde zur Zeit die Menschheit) und auf eine Abstammung zurückblicken kann, in der ein Trend in Richtung größerer Intelligenz zu erkennen ist. Doch das bedeutet nicht, daß alle oder viele Spezies mit einer eingebauten Tendenz ausgestattet sind, im Laufe der Generationen immer intelligenter zu werden.

Eine der Ungereimtheiten menschlicher Intelligenz ist, daß sie in ihrer Verfeinerung weit über das Ziel hinaus zu schießen scheint. Ein gewisses Maß an Intelligenz hat sicherlich Überlebenswert, doch es ist alles andere als klar, wie solche Eigenschaften wie die Fähigkeit, höhere Mathematik zu betreiben, komplexe Musik zu komponieren oder reich strukturierte Sprachen zu entwickeln, je das Ergebnis einer natürlichen Auslese sein könnte. Diese Funktionen des Intellekts sind Welten entfernt vom «Überleben im Dschungel». Viele davon haben sich erst kürzlich manifestiert, lange nachdem der Mensch zum dominierenden Säugetier geworden war und sich eine stabile ökologische Nische gesichert hatte.

Damit erhebt sich die interessante Frage, wann diese Fähigkeiten selektiert worden sein könnten. Die meisten Biologen glauben, die Struktur des menschlichen Gehirns hätte sich in den letzten Jahrzehntausenden wenig geändert, was vermuten ließe, die höheren Geistesfunktionen seien vor langer Zeit angelegt worden und hätten bis vor kurzem sozusagen ungebraucht geschlummert. Doch warum sind diese Funktionen ausgewählt worden, wenn sie sich zum Zeitpunkt der Selektion nicht manifestierten? Was für eine Rolle sollten verborgene Fähigkeiten bei der natürlichen Auslese spielen? Die Annahme, mathematische Fähigkeiten hätten sich zunächst in anderen, unmittelbar nützlichen Eigenschaften geäußert, ist meiner Ansicht nach nicht überzeugend. (Mehr dazu in meinem Buch *Gott und die moderne Physik*.)

Wenn sich aber die höheren Fähigkeiten erst kürzlich (innerhalb der letzten Jahrhunderte) entwickelt haben, dann können sie schwerlich etwas mit natürlicher Auslese zu tun haben. In der Geschichte der Menschheit deutet nichts darauf hin, daß mathematisches oder künstlerisches Genie zur erfolgreicheren Vermehrung der einen oder anderen Population geführt hätte. Das Aufkommen solcher Qualitäten wäre also als Beleg für einen nichtdarwinistischen progressiven Trend in der Entwicklung des Intellekts zu betrachten.

Der Fall der australischen *Aborigines* muß faszinieren. 40000 Jahre lang lebten sie fast vollkommen isoliert vom Rest der Welt, bis zur Ankunft der Europäer. Und doch sind sie in ihren künstlerischen, sprachlichen und musikalischen Fähigkeiten heute von Europäern eigentlich nicht zu unterscheiden. Ihre «Gene für Mathematik» und anderes sind also vor mehr als 40000 Jahren selektiert worden und haben sich über zahllose Generationen im Verborgenen gehalten, nicht «ausgedrückt», oder diese Fähigkeiten haben sich als bizarres Beispiel biologischer Konvergenz ohne erkennbaren Nutzen parallel zum Rest der Menschheit entwickelt. Wie auch immer, der orthodoxe Darwinismus steht hier vor einem Rätsel.

Wenn menschliche Intelligenz nur ein Zufall der Evolution ist und ihre hohe Verfeinerung hinsichtlich mathematischer, sprachlicher und künstlerischer Fähigkeiten ein sehr unwahrscheinlicher Bonus, dann gibt es keinen Grund zu erwarten, Leben auf anderen Planeten würde es in der Intelligenz je so weit bringen wie auf der Erde. SETI wäre ein hoffnungsloses Unterfangen. Sollten wir aber außerirdische Intelligenz finden, so würde dies mit Sicherheit den Geist, wenn nicht sogar den Buchstaben des orthodoxen Darwinismus untergraben, denn dann müßten wir einen evolutionären Trend zum Fortschritt in Betracht ziehen, der über den Mechanismus der natürlichen Auslese hinausgeht.

5

Die Natur des Bewußtseins

Meistens bezieht sich die wissenschaftliche Diskussion über außerirdisches Leben, wie das I in SETI, auf die Existenz (oder nicht) außerirdischer *Intelligenz*. Das muß so sein, da ein Funkkontakt mit fremden Wesen nur denkbar ist, wenn diese Wesen intelligent genug sind, die notwendige Technik zu besitzen. Vom philosophischen Standpunkt aus geht es jedoch mehr um die Existenz von *Bewußtsein* (oder Erkennen). Selbst die Entdeckung außerirdischer bewußter Wesen, die nach menschlicher Definition nicht als «intelligent» durchgingen, wäre ein bedeutendes Ereignis, denn schließlich sind sich die Psychologen bis heute nicht einig, wie menschliche Intelligenz zu definieren und zu messen ist.

Ebenfalls vorstellbar wäre die Entdeckung von Wesen, die Intelligenz besitzen, aber kein Bewußtsein. Während die Möglichkeit bewußter Computer noch kaum als realistisch erscheint, ist die Entwicklung sogenannt intelligenter Rechner bei uns in vollem Gange. Es ist durchaus wahrscheinlich, daß wir in wenigen Jahrzehnten Maschinen haben werden, die mit gutem Recht als intelligent zu bezeichnen wären, was ihr Verhalten angeht, ohne daß ihnen ein wirkliches Bewußtsein zugesprochen werden könnte.

Intelligenz ohne Bewußtsein begegnet uns im Verhalten von Insektenvölkern, zum Beispiel Ameisenkolonien, doch gleichzeitig glauben die meisten Menschen, Kleinsäuger wie Mäuse hätten ein Bewußtsein, ohne über nennenswerte Intelligenz zu verfügen. Intelligenz und Bewußtsein sind also nicht unbedingt verknüpft. Sollten wir außerirdische Intelligenz der elektronischen Art entdecken, dann würden wir sie wahrscheinlich als Hinweis auf außerirdisches Bewußtsein interpretieren, da wir annähmen, bewußte Wesen, selbst wenn sie inzwischen ausgestorben wären, hätten die Maschinen einmal gebaut. Dabei ist es keineswegs ausgeschlossen, daß sich fortgeschrittene Intelligenz in Abwesenheit von Bewußtsein entwickeln kann. Wir tun deshalb gut daran, die beiden Begriffe sauber zu trennen.

Da wir also eigentlich an außerirdischem Bewußtsein interessiert sind, wenn wir nach außerirdischem Leben suchen, will ich nun darlegen, was ich als Physiker darunter verstehe. Selbstverständlich ist die Frage nach der Natur des menschlichen Bewußtseins das älteste und tiefste Problem der Philosophie und läßt sich recht leicht formulieren: Warum ist dieser Klumpen Gewebe in unserem Schädel sich der Welt um uns herum bewußt und kann sie anscheinend sogar – durch Ausübung dessen, was wir den «freien Willen» nennen – beeinflussen? Diese Frage ist gemeint, wenn man vom *Geist-Körper-Problem* redet.

Doch wo liegt das Problem? Wenn mein Gehirn ein physikalisches System ist, das den gleichen Gesetzen zu gehorchen hat wie die Objekte der Welt um uns, dann muß es nach diesen Gesetzen funktionieren, ganz gleich, ob es ein «Ich» gibt, das die Funktionen antreibt, oder nicht. Wie kann also der Geist oder ein «Selbst» irgend etwas tun, was die Gesetze der Physik verletzt oder außer Kraft setzt? Das ist das Problem.

Eine verbreitete Anschauung der Beziehung zwischen Geist und Körper geht auf den französischen Philosophen René Descartes zurück. Nach Descartes gibt es zwei Sorten von Materie im Universum, zum einen die normale Materie, aus der unsere Körper und Gehirne bestehen, zum anderen die unfaßbare, schemenhafte «Geistmaterie», der Stoff, aus dem unsere Gedanken und Träume sind. Irgendwie steht der Geiststoff mit der normalen Hirnmasse in Verbindung und steuert oder leitet sie, ähnlich wie ein Autofahrer sein Vehikel. Das Auto ist das Gehirn, der Fahrer der Geist, und mit Hilfe von Steuer- und Kontrollsystemen lenkt «man» sein Gehirn und über das Gehirn seinen Körper.

Descartes' Modell ist zunächst einmal dualistisch, da es davon ausgeht, daß es zwei ganz verschiedene Arten von Dingen gibt, auf der einen Seite Gehirne und normale Materie, auf der anderen die geistigen Dinge. Dieses dualistische Modell stellte der Philosoph Gilbert Ryle unter das spöttische Motto «der Geist in der Maschine», da es die Vorstellung suggeriert, der Körper sei eine komplizierte Maschine, an die dieser seltsame Geiststoff einfach angeklebt ist. Die Idee vom Geist in der Maschine erscheint für viele attraktiv, da sie den Vorzug hat, daß der Geist sich davonmachen und irgendwo anders niederlassen kann, wenn der Körper stirbt. Diese Auffassung ist

DER GEIST IN DER MASCHINE

Nach René Descartes ist der Geist ein wirkliches Ding, das sich an menschliche Gehirne anschließt. Diese populäre Anschauung des Geistes (oder der Seele) machte Gilbert Ryle als «Geist in der Maschine» lächerlich. Heute vertreten nur noch sehr wenige Wissenschaftler oder Philosophen dieses dualistische Modell.

natürlich tröstlich. Verblüffend viele Menschen hängen ihr heute noch an, obwohl es sehr schwerfällt, noch einen Wissenschaftler oder Philosophen zu finden, der sie ernsthaft rechtfertigen wollte.

Ich will nun versuchen, die Frage, was diese Geist-Körper-Beziehung oder Geist-Hirn-Beziehung eigentlich ist, etwas systematischer anzugehen. Wenn die Beziehung folgenlos ist, dann wird es sehr uninteressant, weshalb wir uns damit beschäftigen wollen, in welcher Weise Zustände des Gehirns und des Geistes sich mit der Zeit verändern. Ich würde zwischen drei Ebenen unterscheiden. Zunächst haben wir die Außenwelt mit ihren eigenen Zuständen. Dann können wir uns eine Reihe von Hirnzuständen H_1, H_2, H_3 usw. in chronologischer Ordnung vorstellen und eine damit verknüpfte Folge von Geisteszuständen G_1, G_2, G_3 . . . Die Pfeile in der Skizze symbolisieren kausale Verbindungen, was heißt, daß die Hirnzustände nicht voneinander unabhängig sind. Einer führt zum anderen, und keiner ist unabhängig von der Außenwelt, mit der wir durch unsere Sinnesorgane verbunden sind und die wir durch die Ausübung unseres Willens beeinflussen können. Nach dem dualistischen Modell Descartes' beeinflussen Gehirnzustände Geisteszustände, und Geisteszustände wirken wiederum auf das Gehirn zurück. Es gibt also eine Menge Pfeile in unserem Bild – obwohl Descartes nichts darüber gesagt hat, wie Geist eigentlich funktionieren soll. Wir wissen also nicht, ob die Reihe der Geisteszustände unmittelbar kausal zusammenhängt oder ob die Beziehung zwischen ihnen nur über die Hirnzustände besteht.

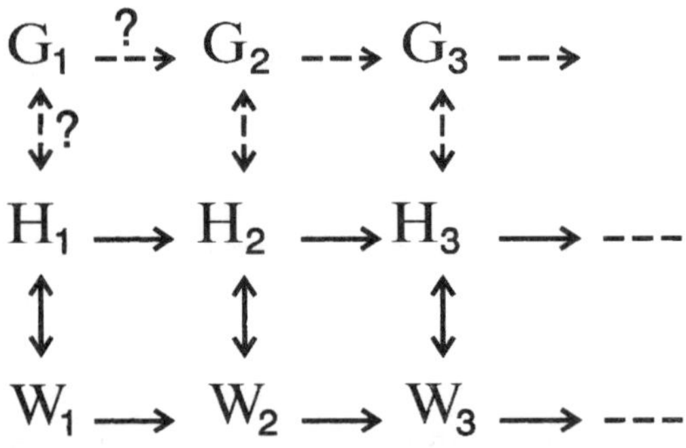

Die (möglichen) kausalen Verbindungen zwischen Hirnzuständen H, Geisteszuständen G und externen Weltzuständen W.

Wie gesagt, würde kaum noch ein Wissenschaftler oder Philosoph diese Anschauung vertreten. Doch warum nicht? Was sind die Probleme mit dem dualistischen Modell? Davon gibt es nun eine Reihe. Das erste betrifft die Art, wie der Geist seine Kunststückchen vollführt, wie er zum Beispiel Materie im Gehirn umherschiebt. Auf welche Weise reagieren die Elektronen in meinem Gehirn auf meinen Willen? Wenn mein Geist mir befiehlt, einen Arm zu heben, wie schafft er es dann, die zuständigen Nervenknoten anzuregen? Offenbar haben wir es nicht einfach mit einem Geist in der Maschine zu tun, sondern eher mit einem Poltergeist, der Dinge hin und her bewegt. Dies bereitet Physikern natürlich Schwierigkeiten, wenn ihnen die Idee mißfällt, Materie ließe sich durch irgend etwas anderes bewegen als durch wohlverstandene Kräfte, die selbst materiellen Ursprungs sind.

Eine andere, frühe Kritik des kartesianischen Dualismus war in die Frage gekleidet, wo sich der Geist denn befinden solle. Schwebt er einen halben Meter über uns? Befindet er sich im Schädel, im linken Fuß oder in der rechten Hand? Was ist seine räumliche Position? Bisher gibt es auf diese Frage zwei Antworten. In der einen wird behauptet, der Geist hätte überhaupt keine bestimmte Position. Er ist «nirgendwo». Damit ergibt sich jedoch das Problem, wie etwas, das nicht lokalisierbar ist, mit bestimmten Hirnregionen wechselwirken kann, indem es zum Beispiel ein bestimmtes Neuron anregt. Wie kann ein Ding aus dem Nirgendwo auf etwas im «Irgendwo» wirken? Hat der Geist dagegen seinen bestimmten Platz, dann würden wir gern wissen, wo, und natürlich, wie groß er ist und ob er vielleicht scharfe (welche?) Konturen hat. Man kommt von einer Frage zur anderen und führt den Begriff des Geistes ad absurdum, wenn man sich ihn auf diese Weise vorzustellen versucht.

Schließlich bleibt noch die Frage, wie der Geist eigentlich funktionieren soll. Es ist schön und gut, einfach zu sagen, «es gibt den Geist», doch vom wissenschaftlichen Standpunkt aus bedeutet das gar nichts, solange man keine Theorie des Geistes besitzt. Eine solche Theorie müßte die Folge der Geisteszustände in unserem Bild miteinander in Beziehung setzen, indem sie Gesetze des Wandels aufstellt, von der Art, wie man sie in der Welt der Physik unter dem Begriff der Dynamik zusammenfaßt.

Auch darauf kennt man zwei Antworten. Die eine besagt: «Nun gut, wir könnten schon eine Theorie des Geistes aufstellen, doch damit würden wir ihn nur zu einer weiteren Maschine reduzieren», womit wir bei der «Maschine in der Maschine» gelandet wären, und dies wäre kein Fortschritt, sondern würde die Dinge nur weiter komplizieren. Man könnte es gleich bei der einen Maschine belassen, dem Gehirn, bevor man ein ätherisches Dingsda herbeiholt, welches das Gehirn umgibt und es kontrolliert. Die Alternative wäre, zu sagen: «Wir wissen nicht, und wir werden nie wissen, wie der Geist funktioniert.» Doch damit wäre der Geist für immer jenseits aller Wissenschaft, was so manchem gefallen würde, der wünscht, das Geist-Körper-Problem bliebe für immer unlösbar. Doch für Leute wie mich, die der Meinung sind, wir sollten dieses Problem lösen oder zumindest versuchen, eine Antwort zu finden, ist der Dualismus eine Sackgasse. In seinem Buch *Consciousness Explained* bemerkt der Philosoph Daniel Dennett, «Dualismus heißt aufgeben», da er einfach alle Probleme vom Gehirn auf dieses verschwommene Ding namens «Geist» schiebt, wo sie unantastbar sind. Der Dualismus bringt uns also nicht weiter.

Gehen wir deshalb zu anderen Theorien über. Ich warne sogleich, daß ich hier keinen vollständigen Überblick über die konkurrierenden Lösungen – oder Lösungsversuche – des Geist-Körper-Problems gebe. Der Theorien sind einfach zu viele. Ich versuche nur, dem Leser ein Gefühl dafür zu vermitteln, mit welcher Art von Themen wir es in dieser schwierigen Frage zu tun haben.

Eine der populären Theorien rangiert unter dem Titel *Epiphänomenalismus.* Auch in diesem Modell haben wir noch eine Außenwelt und Gehirn- und Geisteszustände, doch es gibt keine *physikalische* Verbindung zwischen Geist und Gehirn. Der Geist folgt den Gehirnzuständen nur, gleichsam als Anhängsel, während die ganze Physik im Gehirn stattfindet. Wie Schaum auf einem Wildbach hat Geist keinerlei kausale Wirksamkeit. Trifft diese Theorie zu, dann ist unser Empfinden, einen freien Willen zu haben, nichts als Illusion. Der Geist wäre praktisch wegdefiniert, jedenfalls was seine kausale Wirkung angeht.

Die Schwierigkeit mit dem Epiphänomenalismus liegt meiner Ansicht nach darin, daß es keine Rolle spielt, ob es einen Geist gibt oder nicht. Schaltete sich mein Geist mitten in einer Unterhaltung ab, so würde das überhaupt nichts ändern. Ich würde mich genauso benehmen, genauso sprechen und agieren, ganz gleich, ob ich mir dessen bewußt wäre oder nicht. Der Epiphänomenalismus sieht also keinen Unterschied zwischen echten, bewußten Wesen und schlau programmierten Robotern. Wenn der Geist aber keine eigentliche Funktion hat, wozu ist er dann da? Es ist schwer vorstellbar, daß das Bewußtsein keinem besonderen Zweck dienen sollte. Warum hätte die biologische Evolution es dann hervorgebracht? Der Epiphänomenalismus scheint uns also nicht weiterzubringen in der Frage, warum Bewußtsein existiert.

Ein anderer, heute recht populärer Standpunkt ist der sogenannte Funktionalismus, in dem es nicht so sehr darum geht, woraus Geist und Gehirn bestehen – aus Geiststoff, Hirnstoff, Atomen oder irgend etwas Ätherischem –, sondern *wie* sie zusammengesetzt sind, oder genauer, wie sie bezüglich ihrer Funktionen organisiert sind. So können wir uns vorstellen, Teile eines Gehirns zu entfernen und durch Silizium-Chips, oder was gerade der neueste Stand der Technik ist, zu ersetzen. Mit anderen Worten, wir ließen die Funktionen der betreffenden Gehirnteile durch einen anderen Typ von Operator erledigen. Wir könnten so weitermachen, bis das ganze Gehirn nur noch aus künstlichen Bauteilen besteht. Die Funktionalisten behaupten nun, ein solcher Austausch von Bauteilen würde die Schlüsselfunktionen des Erkennens nicht beeinträchtigen. Unser Versuchskaninchen wäre immer noch eine bewußte und fühlende Person. Funktionalismus ist sehr beliebt bei denen, die sich mit künstlicher Intelligenz befassen und meinen, man werde eines Tages (vielleicht bald) Maschinen herstellen, von denen man sagen könne, sie hätten ein Bewußtsein und dächten wie Menschen.

Im Funktionalismus (den ich persönlich bevorzuge) steht also die *funktionale Organisation* des Gehirns, die ein Bewußtsein erzeugt, im Mittelpunkt, und im Prinzip wäre es danach möglich, im Sinne von Geist oder Bewußtsein menschenähnliche Maschinen zu bauen. Akzeptiert man diese Vorstellung, dann muß man auch annehmen, daß menschliches Bewußtsein eine Eigenschaft ist, die in einem physikalischen System *auftritt*, sobald es einen bestimmten Grad von Komplexität erreicht. Beim Menschen muß es irgendwann im Laufe seiner Evolutionsgeschichte erschienen sein. Bewußtsein ist also nicht etwas, das einem Organismus «aufgepfropft» ist. Ich kann nicht den Glauben teilen, Gott hätte irgendwo in einem kosmischen Lagerhaus einen Vorrat an Seelen und würde, sobald die Körper soweit sind, jedem eine «eingeben».

Der Begriff des allmählichen Erscheinens bestimmter Phänomene ist sowohl von physikalischer als auch von philosophischer Bedeutung. Deshalb möchte ich nun ein wenig abschweifen und mit einigen Beispielen beschreiben, was ich damit meine. Ein oft zitierter Fall ist die Nässe von Wasser. Wir stimmen alle darin überein, daß Wasser naß ist. Dies ist eine Eigenschaft des Wassers, die wir erkennen, und zwar eine reale Eigenschaft, nicht nur etwas, das unserer Einbildung entspringt. Und doch würden wir diese Eigenschaft niemals einem einzelnen Wassermolekül zusprechen. Ein solches Molekül ist in keinerlei Sinn als naß zu bezeichnen, obwohl eine größere Ansammlung von Wassermolekülen naß ist. Die Nässe des Wassers ist also ein Phänomen, das erst auftritt, wenn sich genug Moleküle zusammenfinden oder ein ausreichender Grad von Komplexität im System «Wasser» erreicht wird.

Ein anderes, eines meiner Lieblingsbeispiele, ist der sogenannte Zeitpfeil. Wir alle benutzen den Zeitpfeil, wenn wir von Vergangenheit und Zukunft reden, doch wenn wir uns auf die Ebene einzelner Atome begeben, verlieren diese Begriffe ihren Sinn. Die Gesetze der Physik (mit einer kleinen und unbedeutenden Ausnahme) erscheinen bezüglich Vergangenheit und Zukunft vollkommen symmetrisch. Die einzelnen Moleküle besitzen keinen Zeitpfeil, der an ihnen befestigt wäre. Sie wissen nicht, in welche Richtung die Zeit «vergeht».

Stellen Sie sich nun folgendes Experiment vor: Ich öffne eine Flasche Parfüm. Nach vielleicht zehn oder fünfzehn Minuten beginnen Sie den Duft zu riechen, da das Parfüm verdunstet. Seine Moleküle haben sich unter die Moleküle der Umgebungsluft gemischt und verbreitet. Dies ist eine Folge von Kollisionen zwischen Luft- und Parfüm-Molekülen und gilt als ein sogenannter irreversibler (nicht umkehrbarer) Prozeß, der einem Zeitpfeil folgt, da der Duft kaum wieder in die Flasche verbannt werden kann, nachdem er sich einmal ausgebreitet hat. Selbst wenn ich den Raum versiegelte, um den Duft einzufangen, müßte ich unendlich lange warten, bis sich durch zufällige Stöße alle Duftmoleküle wieder in der Parfümflasche versammelt hätten. Die Verdunstung des Parfüms ist also praktisch nicht mehr rückgängig zu machen und daher mit einem Zeitpfeil behaftet, obwohl jedes einzelne Duftmolekül ziellos herumgeschubst wird, ohne eine festgelegte Zeitrichtung. Nur wenn man das Verhalten der Gesamtheit der Moleküle betrachtet, erscheint der Zeitpfeil, der daher ein Phänomen ist, das erst mit wachsender Komplexität auftaucht.

Mein drittes Beispiel ist das Leben selbst. Ich nehme einmal an, ich bin ein lebender Organismus. Ich bin sicher, es ist ein Unterschied, ob jemand (oder etwas) lebt oder ob er leblos ist wie ein Fels. Dennoch kann man keines der Atome in meinem Körper als lebendig bezeichnen. In einem Kohlenstoffatom in einer meiner Zehen haben wir mit Sicherheit kein «lebendes Atom» vor uns, da ihm schlicht alles fehlt, was der Begriff «Leben» ausdrückt. Es unterscheidet sich nicht von jedem anderen Kohlenstoffatom, sei es nun irgendwo in der Luft oder in einem Mondfelsen. Was also zählt, ist nicht, woraus ich bestehe, sondern wie ich zusammengesetzt bin. Erst die kollektive Organisation aller Atome in meinem Körper verleiht mir die Eigenschaft des «Am-Leben»-Seins. Dies ist wiederum eine reale Eigenschaft, die nur auftaucht, wenn Materie ein bestimmtes Niveau der Komplexität erreicht. In der leblosen Frühzeit der Erde (oder welches Planeten auch immer) können wir uns primitive Abfolgen komplexer chemischer Zustände vorstellen, die irgendwann komplex genug werden, daß man sagen kann, jawohl, hier haben wir etwas Lebendes vor uns.

Nun möchte ich fragen: «Wie entsteht Komplexität im Universum? Wie entsteht sie im allgemeinen, und wie, im besonderen, entsteht Geist?» Und damit komme ich unweigerlich zum Thema des «selbstorganisierten Universums», denn offenbar neigt die Natur dazu, sich selbst zu organisieren. Das heißt, einfache physikalische Zustände arrangieren sich gern spontan und ohne äußeren Eingriff in eine komplexere Ordnung. Die Welt ist voller Phänomene, in denen physikalische Systeme selbständig zu komplexen, organisierten Zuständen gelangen.

Ich vergleiche es zuweilen mit einer Wurstmaschine: Oben steckt man einfache Anfangszustände hinein, dann legt man einen Hebel um, womit man sinnbildlich das Wirken der Zeit und der physikalischen Gesetze in Gang setzt, und am anderen Ende der Maschine kommen komplexe Zustände heraus. Lassen Sie mich ein Beispiel nennen, das viel einfacher ist als das Leben oder der Geist, ein Beispiel, das jeder in seiner eigenen Küche beobachten kann: einen mit einer Flüssigkeit gefüllten Kochtopf auf dem Herd. Was sehen Sie, wenn Sie in den Topf schauen? Zunächst nicht viel, nur eine einheitliche Brühe. Wenn Sie dann die Flamme hochdrehen, ist irgendwann der kritische Punkt erreicht, wo der Temperaturunterschied zwischen Topfboden und Flüssigkeitsspiegel groß genug ist, daß *Konvektion* eintritt. Das wird am deutlichsten, wenn irgend etwas in der Flüssigkeit schwimmt. Die Bröckchen kommen in Bewegung. Wenn Sie den Topf weiter erhitzen, wird die Flüssigkeit irgendwann kochen, und das Ganze wird chaotisch. Es findet also ein Übergang statt von einem einfachen, undifferenzierten Anfangszustand zu einem Zustand desorganisierter Komplexität: Chaos. Wenn Sie das Experiment sehr sorgfältig beobachten (was in einer normalen Küche vielleicht schwerfällt, in einem Labor aber möglich ist), dann stellen Sie fest, daß die Übergangsphase der Konvektion sehr interessant ist. Sie drückt sich nämlich nicht in irgendeiner allgemeinen Schlängelbewegung aus, sondern die Flüssigkeit bewahrt eine regelmäßige Anordnung in einem wabenartigen Muster.

Woher wissen nun die Wassermoleküle, wie das zu machen ist? Niemand stellt diese Sechsecke zusammen. Was entsteht, ist eine spontane Anordnung, ein spontanes Erscheinen von Ordnung und Komplexität aus einem ursprünglich ungeordneten Zustand. Der Kochtopf mag ein simples Beispiel sein, doch er illustriert sehr gut, wie diese vollkommen dummen Moleküle sich gemeinsam auf raffinierte Weise anordnen. Ein Wassermolekül besitzt keinen Geist. Moleküle denken nicht darüber nach, was sie tun wollen. Sie wissen nicht, was die anderen Moleküle tun, sie werden einfach von ihren Nachbarn hin und her geschubst. Und doch scheint sie eine Art Herdentrieb zur Organisation eines verblüffenden Musters zu bringen. Materie hat offenbar eine angeborene Fähigkeit zur Selbstorganisation. Dafür gibt es in der Natur unzählige Beispiele. Wenn wir wieder an mein Gleichnis der Wurstmaschine denken, so können wir uns eine lange Reihe solcher Stufen der Selbstorganisation vorstellen, wo leblose Masse hineingesteckt wird und am Ende Geist herauskommt. Wenn wir also Geist als ein Phänomen betrachten, das entstehen kann, sofern ein bestimmter Grad von Komplexität gegeben ist, und an die natürliche Tendenz zur Selbstorganisation denken, die in Materie und Energie zu beobachten ist, dann können wir uns auch vorstellen, daß dieser Komplexitätsgrad nach einer gewissen Zeit wirklich erreicht wird.

Bisher habe ich etwas salopp über den Begriff der Komplexität geredet. Ich will ihn nun schärfer eingrenzen, denn mit beliebiger Komplexität ist es nicht getan. Wenn man irgendein komplexes System hernimmt, darf man nicht erwarten, daß damit schon Geist verbunden ist. So schaut das Zimmer meiner Tochter recht komplex aus, sogar ziemlich chaotisch

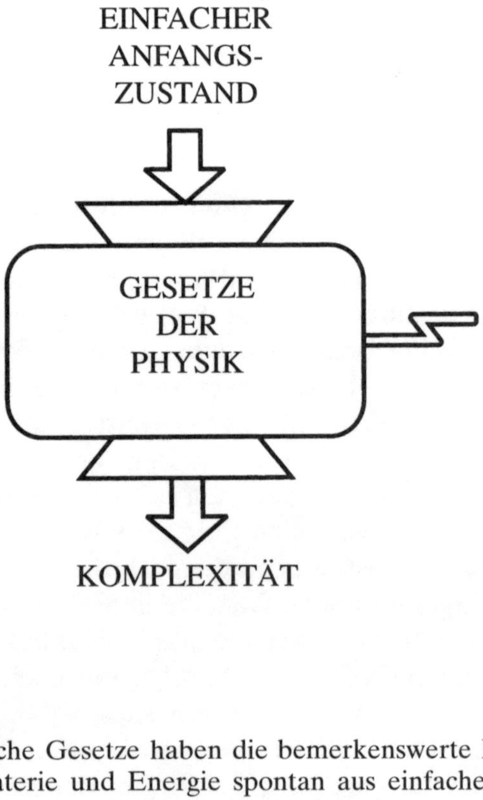

Physikalische Gesetze haben die bemerkenswerte Eigenschaft, Materie und Energie spontan aus einfachen Anfangszuständen zu hochkomplexen Anordnungen zu entwickeln (wie es zum Beispiel mit lebenden oder bewußten Organismen geschieht). Diese allgemeine Tendenz zur Selbstorganisation läßt vermuten, daß das Auftauchen von Leben eher ein universales Phänomen als ein Wunder oder ein höchst unwahrscheinlicher Zufall ist.

– eine furchtbare Unordnung, um genau zu sein –, doch diesem Zustand würde ich kein Bewußtsein zuschreiben (dem Zustand des Zimmers, meine ich, nicht dem meiner Tochter!). Es kommt auf die *Natur* der Komplexität an. Chaotische Komplexität, wie im Beispiel der statistisch verteilten Gasmoleküle aus der Parfümflasche, genügt nicht, obwohl dieses System im folgenden Sinne sicherlich komplex ist: Wollten Sie versuchen, einem Freund den Zustand der Zimmerluft vollständig zu beschreiben, dann müßten Sie die Position und Geschwindigkeit jedes einzelnen Gasmoleküls im Zimmer angeben, und davon gibt es Trilliarden über Trilliarden. Es geht um ein enormes Informationsvolumen, etwa 10^{26} Bits, doch ihrer Natur nach ist die Information kaum von Interesse.

Das andere Extrem ist die eintönige Simplizität, wie sie zum Beispiel in einem Kristall besteht. Ein Kristall ist ein wunderschönes Gebilde, doch im Grunde ist er nur ein langweiliges Gitter aus Atomen in regelmäßigen Abständen. Sein Komplexitätsgehalt ist sehr gering, weshalb er leicht in aller Vollständigkeit zu beschreiben ist. Man braucht nur die Kristallform und die Gitterabstände anzugeben, und schon weiß jeder Atomphysiker, um was es sich handelt. Das Informationsvolumen beträgt nur wenige Bits, nicht die astronomische Zahl, die man im Falle der Stubenluft benötigt.

Ich denke, Sie würden mir zustimmen, daß die Physik eher langweilig wäre, wenn das Universum vom einen oder anderen der genannten Extreme beherrscht würde. Doch das ist nicht der Fall. Die Art von Komplexität, die für die Phänomene Leben und Bewußtsein eine Rolle spielt, ist eine ganz andere. Man könnte von einer «organisierten Komplexität» reden. (Zuweilen hört man dafür auch den Ausdruck «Tiefe».)

Naturwissenschaftler und Mathematiker suchen seit langem nach einer Methode, die schwer zu erfassende Eigenschaft «komplexe Organisation» in Zahlen auszudrücken. Wir wissen, sowohl eine Bakterie als auch ein statistisches Gas sind komplex, doch die Komplexität der Bakterie ist ganz anderer Art als die des Gases, denn sie zeigt jene ineinandergreifende, kooperative (ja, organische) Anordnung der Dinge, die «Organisation» ausmacht. Man meint fast eine globale Verschwörung darin zu erkennen, wie sich Zellen verhalten. Diese übergreifende Qualität der Organisiertheit beginnen die Wissenschaftler nun allmählich zu verstehen und zu quantifizieren. Chaotische Komplexität mag den gleichen Informationsgehalt haben wie organisierte Komplexität, doch die *Qualität* der Information ist offenbar eine ganz andere. Wir erkennen, daß organisierte Komplexität nicht nur durch den Informationsgehalt charakterisiert ist, sondern auch durch die dazugehörige Informationsqualität.

Was ich bisher beschrieben habe, entspricht noch in etwa der orthodoxen wissenschaftlichen Position, doch nun möchte ich die weitergehende Hypothese vorstellen, die ich selbst vertrete. Ich glaube, im Universum wirkt eine Art «Gesetz der wachsenden organisierten Komplexität». Es ist nicht gerade ein Gesetz im Sinne von Newtons Gravitationsgesetz, sondern eher eine Tendenz oder ein Trend, dessen Manifestationen dennoch unverkennbar sind. Die allgemeine Tendenz zu immer größerer organisierter Komplexität (oder Tiefe) in der Natur scheint eine Realität zu sein.

Um diese Behauptung zu rechtfertigen, lassen Sie mich kurz die Geschichte des Universums skizzieren. Die meisten Kosmologen glauben, das Universum habe in einem extrem einfachen und undifferenzierten Zustand begonnen, als einförmiges, heißes Gas oder möglicherweise nur als expandierender, leerer Raum. Der größte Teil der Komplexität, die im heutigen Universum beobachtet wird, ist wahrscheinlich seit der Geburt des Universums *entstanden*. Eigenartigerweise benutzt man oft das Wort «Schöpfung» im Zusammenhang mit dem Urknall, doch eigentlich war es nicht viel, was da entstanden ist, vielleicht nichts als Leere. Alles, was irgendwie kompliziert ist, kam erst später.

Nach diesem Denkmodell ging das Universum aus den Gesetzen der Physik hervor. Die Gesetze waren irgendwie «da» und sind die Grundlage aller Dinge. Der Raum (genauer: die Raumzeit) war das erste, was dann entstand. Materie und Energie kamen ein bißchen später – nicht viel später, doch auch nicht sofort. Und dann, über einen weit größeren Zeitraum, über Milliarden von Jahren, expandierte das Universum und kühlte dabei ab, und die Zustände der Materie wurden organisierter und komplexer. Lange und komplizierte Abfolgen selbstorganisierender Prozesse führten zu mindestens einem belebten Planeten, und das Leben entwickelte sich in Systemen immer größerer Komplexität, bis schließlich Geist entstand und es zur Existenz von Beobachtern kam, die nun auf die Geschichte des Universums zurückblicken, über alles nachdenken und sich fragen können, woher sie kommen und ob sie allein sind.

Die einzige Art Bewußtsein, die wir bisher kennen, ist Bewußtsein in Körpern, in lebenden Organismen, wobei der meiststudierte Fall natürlich der Mensch ist. Daher wenden wir uns zunächst an Biologen, wenn wir fragen, was Bewußtsein ist und wie es entstand. Wie schon erwähnt, bekommt man gewöhnlich die Antwort, unser Bewußtsein sei die Folge, eigentlich nur ein Nebenprodukt zufälliger evolutionärer Prozesse. Bewußtsein sei jedenfalls nicht vorbestimmt gewesen. Ein Biologe wird sagen, das Erscheinen von Bewußtsein würde sich wahrscheinlich nie mehr wiederholen, wenn einmal alles Leben auf der Erde ausgelöscht wäre und die Evolution von neuem beginnen würde. Jedem, der es hören will, wird er erzählen, welch unbedeutender Zufall in einer Reihe statistischer Mutationen unser Bewußtsein ist. Und wenn die Biologen recht haben, dann wird sich mit an Sicherheit grenzender Wahrscheinlichkeit jede Suche nach bewußtem außerirdischem Leben als fruchtlos erweisen.

Ich denke darüber ganz anders. Es ist eine persönliche Vermutung, von der ich jedoch annehme, sie sei begründet. Ich glaube, das Bewußtsein ist nicht so trivial, wie es im biologischen Standardmodell erscheint. Ich glaube, es ist überhaupt nicht trivial. Es ist eine fundamentale Eigenschaft – eine fundamentale entwickelte Eigenschaft – der Natur, die natürliche Konsequenz der Gesetze der Physik. Bewußtsein basiert nicht auf einem speziellen Zufall der Evolution. *Details* unserer Mentalität hängen sicherlich von für sich unbedeutenden, zufälligen Besonderheiten der Evolutionsgeschichte ab, doch ich behaupte, das Auftauchen von Bewußtsein irgendwo und irgendwann im Universum ist mehr oder weniger garantiert. Es ist nicht aufgrund eines trivialen Zufalls, der sich nie und nirgendwo wiederholen wird, «einfach passiert», sondern nach den Gesetzen der Physik und unter den gegebenen Anfangsbedingungen entspricht das Aufkommen von Leben und Bewußtsein vollkommen den Erwartungen. Einzelheiten würden sich in einer Wiederholung sicher anders entwickeln. Den *Homo sapiens* würde es nicht geben, es gäbe nicht einmal die Erde, doch irgendwo im Kosmos würde Leben entstehen. Ich sage nicht, wir Menschen seien eine fundamentale Konsequenz physikalischer Gesetze, doch ich glaube, der allgemeine Trend, die Tendenz vom Einfachen zum Komplexen und zum Bewußtsein gehört zur natürlichen Beschaffenheit der Gesetze der Physik. Implizit war das Bewußtsein immer «schon da», verschlüsselt in den grundlegenden Gesetzen des Universums.

Lassen Sie mich versuchen, diesen Standpunkt zu rechtfertigen. Zunächst folgendes: Zu sagen – wie viele Biologen –, Bewußtsein sei nichts weiter als ein Zufall, klingt wie die einfachste Ausflucht, wie ein schulterzuckendes: «So ist es nun mal, wir haben Bewußtsein, wir wissen eigentlich nicht, woher es kommt, also muß es durch Zufall entstanden sein; mehr hat es damit nicht auf sich.» – Meiner Ansicht nach ist dies nicht viel mehr als eine Verlegenheitslösung, fast wie der Ruf: «Ein Wunder! Das Leben war im brodelnden Entstehen ... und dann geschah ein Wunder, und plötzlich gab es Bewußtsein!»

Meine Behauptung ist: Wunder und die Zuflucht zu irrwitzig unwahrscheinlichen Zufällen helfen uns nicht weiter. Wenn wir Bewußtsein wirklich verstehen wollen, müssen wir es in die weitere Natur einbinden, in die Gesetze der Physik, auf fundamentale und ganzheitliche Weise, ohne uns auf einen besonderen Vorfall im Laufe der Evolution zu berufen. Leben und Bewußtsein sind, so meine ich, *typische* Produkte physikalischer Komplexität, Produkte von Gesetzen, nicht – jedenfalls nicht nur – von Wahrscheinlichkeiten. Viele unserer Züge, sowohl geistige als auch äußerliche, sind sicherlich Zufallsprodukte, doch generell ist das Auftauchen von Bewußtsein geradezu zwangsläufig.

Dies ist nicht nur ein romantischer Gedanke. Es ist eine Theorie mit echter Vorhersagekraft. Sie besagt unter anderem, daß außerirdischer Geist existiert. Die Erde kann nicht der einzige Planet im ganzen Universum sein, der lebende Organismen beherbergt. Wenn genug Zeit zur Verfügung steht, ist das Erscheinen von Leben und Bewußtsein eine automatische Konsequenz physikalischer Gesetze. Die gleichen Gesetze der Physik gelten im gesamten Universum. Deshalb erwarte ich, daß Leben und Bewußtsein sich auch anderswo entwickeln. Da sich jedoch der *Homo sapiens* weder in seinem anatomischen noch in seinem geistigen Erscheinungsbild besonders hervorhebt, ist nicht zu erwarten, daß außerirdische Wesen wie wir auszusehen oder gar zu denken haben.

Der zweite Grund, weshalb ich meine, Bewußtsein sei mehr als ein Zufall, hängt mit der Quantenphysik zusammen. Sobald man über Bewußtsein redet, wird regelmäßig auch der «Quantenfaktor» ins Spiel gebracht. Es gibt heute eine große Anzahl von Büchern – einige davon recht zweifelhaften Inhalts –, in denen behauptet wird, die Quantenphysik hätte etwas Grundlegendes über Bewußtsein zu sagen.

Was also ist Quantenphysik? Arg verkürzt, geht es um einen eigenartigen Effekt, wenn man subatomare Partikel betrachtet: Manchmal erscheinen sie als Welle, manchmal als Teilchen. Was sind sie also? Die Antwort ist, sowohl keines von beiden als auch beides. Zum Beispiel erscheint ein Elektron in manchen Aspekten seines Verhaltens als Welle und in anderen als Teilchen. Man kann nicht sagen, es ist in *Wirklichkeit* ein Teilchen oder es ist *wirklich* eine Welle. Es ist gewissermaßen beides. Es kann sich als das eine oder andere manifestieren, je nachdem, welches Experiment man mit ihm ausführt. Bestimmte Versuche offenbaren den teilchenartigen Aspekt des Elektrons, andere seinen Wellencharakter, doch es ist unmöglich, es gleichzeitig als beides zu sehen. Den eigenartigen Jekyll-und-Hyde-Charakter subatomarer «Teilchen» wie des Elektrons bezeichnet man als *Komplementarität.* Die Idee ist, daß dasselbe Ding, in unserem Beispiel das Elektron, zwei scheinbar gegensätzliche Eigenschaften zeigen kann, die sich jedoch nicht widersprechen – sie sind komplementär. Dieses Konzept ist östlichem Denken leichter zugänglich, doch auch im Westen hat man sich inzwischen daran gewöhnt, da es sich um eine Tatsache der Quantenphysik handelt, nicht um eine bloße Hypothese. Elektronen sind wirklich so.

Stellen Sie sich folgendes Experiment vor. Angenommen, wir legen ein Elektron auf eine Weise in einen Kasten, daß wir nicht genau wissen, wo in dem Kasten sich das Elektron befindet. Dieses Unwissen läßt sich darstellen, indem man das Elektron als Welle bezeichnet, die den ganzen Kasten füllt. Nach den Regeln der Quantenphysik besteht ein direkter Zusammenhang zwischen der Höhe der Welle an einer Stelle im Raum und der Wahrscheinlichkeit, mit der sich das Elektron dort befindet. Wenn die Welle also den Kasten ganz ausfüllt, dann kann sich das Elektron mit einer bestimmten Wahrscheinlichkeit an jedem Ort im Kasten befinden. Das Elektron ist irgendwo da drinnen, doch wir wissen nicht wo. Nun nehmen wir weiter an, wir schieben in der Mitte des Kastens eine Trennwand ein. Da wir nur ein Elektron hineingepackt haben, muß es sich entweder auf der einen oder auf der anderen Seite der Trennwand befinden; es kann nicht auf beiden Seiten zugleich sein. Die Welle, die das Elektron darstellt, ist dagegen in zwei Teile zerschnitten, existiert aber weiter in beiden Hälften des Kastens.

Angenommen nun, wir wollten herausfinden, wo genau sich das Elektron aufhält. Dazu könnten wir den Kasten öffnen und eine Ortsmessung durchführen, nach der es sich entweder links oder rechts von der Trennwand befindet. Die Welle in der anderen Hälfte muß dann augenblicklich verschwinden, da wir nun *wissen*, daß das Elektron dort nicht sein kann. Diesen plötzlichen Zustandssprung nennt man *Wellenkollaps* (oder, genauer, Zusammenbruch der Wellen*funktion*). Dieser Kollaps ist eine mysteriöse Sache. Physikern ist nicht wohl dabei. Lehrbücher der Quantenmechanik stellen es jedoch genau so dar, wie ich es eben wiederholt habe: Die Welle verschwindet abrupt aus einer Hälfte des Kastens, sobald man sicher weiß, daß das Elektron sich in der anderen Hälfte befindet. Man muß also vermuten, der *Akt der Beobachtung* habe einen bestimmten Einfluß auf die Verteilung der Wellen in unserem Kasten. Die Tatsache, daß wir die Beobachtung durchführen – daß sich ein Beobachter an das System koppelt –, scheint das System tiefgreifend zu verändern.

Den Akt der Beobachtung könnte man auf folgende Weise beschreiben. Vor einer Beobachtung ist das System als eine Überlagerung von Zuständen zu betrachten: Elektron links plus Elektron rechts. Sobald wir die Beobachtung anstellen, zerfällt diese gemischte Realität, in der zwei Möglichkeiten nebeneinander existieren, und es gibt nur noch die eine oder die andere Realität. Der Effekt der Beobachtung ist also die Auflösung einer Mischung oder Überlappung von Realitäten in klar getrennte Alternativen. Der Beobachter scheint also im Quantenprozeß eine fundamentale Rolle zu spielen.

In der bekanntesten Veranschaulichung dieses Problems geht es um *Schrödingers Katze*, nach Erwin Schrödinger, einem der Begründer der Quantenmechanik. Man hat sich wieder einen Kasten mit einer

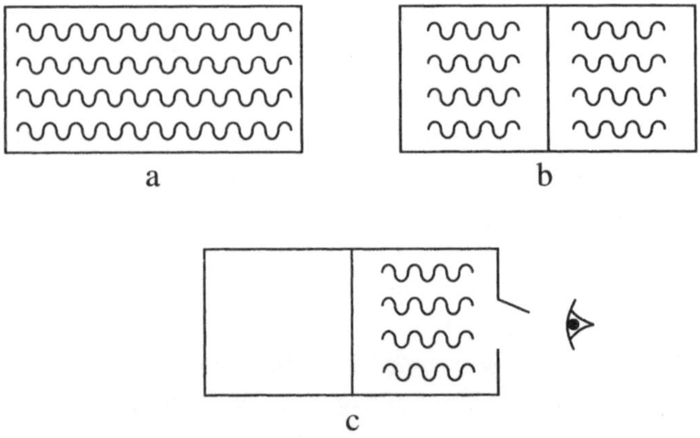

Zu einem einzelnen Quantenteilchen in einem Kasten (a) gehört eine gleichmäßig über den Innenraum verbreitete Welle. Eine Trennwand unterteilt den Kasten in zwei Hälften (b). Durch Nachschauen stellt man fest, daß das Teilchen sich in der rechten Hälfte befindet (c). Die Welle in der anderen Hälfte, die die Wahrscheinlichkeit repräsentiert, daß das Teilchen sich dort aufhält, verschwindet augenblicklich. (Entnommen aus *The Ghost in the Atom* [Cambridge University Press, 1986], mit freundlicher Genehmigung der Herausgeber, P. C. W. Davies und J. R. Brown.)

Art quantenmechanischem System darin vorzustellen – zum Beispiel eine radioaktive Substanz –, das sich in einer Mischung von Zuständen befindet, in diesem Fall ein Atomkern, der mit einer gewissen Wahrscheinlichkeit zerfällt oder auch nicht. Wenn der Kern zerfällt, bewirkt ein irgendwie gearteter Auslöser, daß ein Hammer fällt und eine Ampulle mit Blausäure zertrümmert. Zu Beginn des Experiments wird eine Katze in den Kasten gesperrt. Zerfällt der Kern, so stirbt die Katze. Wenn nicht, dann bleibt sie am Leben. Im Quantenbild sieht es so aus – und darauf wollte Schrödinger hinaus –, als befände sich die Katze in diesem Experiment in einer Überlagerung der Zustände «tot» und «lebendig», was völlig absurd erscheint. Die Katze muß schließlich wissen, ob sie noch lebt oder nicht. Schrödingers Gedankenexperiment macht auf die Frage aufmerksam, was eigentlich die Begriffe Wissen oder Geist bedeuten. Was genau ist notwendig, um eine Wellenfunktion zum Zusammenbruch zu bringen? Ist es das Wissen – genauer gesagt, menschliches Wissen? Reicht der Katzengeist aus, den Wellenkollaps herbeizuführen? Wie sähe es aus, wenn wir die Katze durch einen Maikäfer ersetzten, oder eine Kamera, oder einen Computer?

Ich stelle damit viel mehr Fragen, als ich beantworten kann. Jedenfalls ist das prinzipielle Problem mit Messungen lange nicht zur Zufriedenheit aller Physiker gelöst. Oder besser gesagt: Die meisten Physiker glauben, es sei zu ihrer Zufriedenheit gelöst, nur können sie sich nicht auf eine Lösung einigen. Wenn man sie fragt, hört man: «Das ist kein Problem, nicht im geringsten.» Und dann leiern sie eine der fünf oder sechs gängigen Antworten herunter. Es gibt jedoch keine, die von allen anerkannt wäre. Jeder gibt zu, daß die Quantenphysik den Beobachter auf äußerst fundamentale Weise in die beobachtete Welt verstrickt – eine Verstrickung, der man sich in der sogenannten klassischen Physik, vor dem Aufkommen der Quantenphysik, nicht bewußt war. In der klassischen Physik ist die Welt «da» und der Beobachter «hier». Sie wurden als getrennt erachtet, obwohl klar war, daß sie durch unsere Sinnesorgane miteinander in Verbindung stehen müssen. Nach der Quantenphysik steht der Beobachter dagegen in einer rätselhaften Beziehung zur beobachteten Wirklichkeit. Dies ist für mich ein zweites Indiz, daß der Beobachter keine triviale Nebensache ist. Er oder sie könnte sogar eine entscheidende Rolle spielen, wenn der Begriff einer äußeren Realität einen Sinn haben soll – und zwar im physikalischen Sinne, nicht nur im philosophischen.

Ich möchte mich nun dem dritten Beweisstück für die Nichttrivialität des Bewußtseins zuwenden. Darin geht es um das selbstorganisierende Universum, auf das ich schon angespielt habe, und um den Zeitpfeil, dem physikalische Systeme im Universum vom Einfachen zum Komplexen folgen, oder die Wurstmaschine, die aus einfachen Anfangsbedingungen organisierte Komplexität erzeugt. Es ist natürlich einfach, die Existenz bestimmter Phänomene und die Gültigkeit solcher Vergleiche so zu behaupten, doch die erstaunliche Fähigkeit physikalischer Systeme, sich selbst zu organisieren, wirft etliche Fragen auf. Welche Klasse von Gesetzen ist in der Lage, einfache Anfangszustände in komplexe Endzustände zu verwandeln? Mit anderen Worten, wie muß die Wurstmaschine beschaffen sein, die so etwas kann, und was muß man oben hineinstecken, damit unten «tiefe» Zustände herauskommen? Reichen x-beliebige Gesetze aus? Produziert die Maschine organisierte Komplexität, ganz gleich womit man sie füttert?

Auf die letzte Frage lautet die Antwort: bestimmt nicht. Das sage ich mal so, doch ich glaube, die meisten Physiker würden mir zustimmen, daß die Entstehung von Komplexität empfindlich von den Besonderheiten der physikalischen Gesetze abhängt, die in unserem Universum gelten. Auf der Basis beliebig ausgedachter Gesetze würde sich wahrscheinlich keine organisierte Komplexität einstellen – wenigstens nicht so effektiv, wie es offenbar im wirklichen Universum geschehen ist. Der Übergang vom Einfachen zum Komplexen ist also kein allgemeines Merkmal dynamischer Gesetze, sondern eine spezifische Eigenschaft der Gesetze des real existierenden Universums.

Eine zentrale Konsequenz des selbstorganisierenden Universums ist damit, daß Gesetze, die ein spontan kreatives Universum erlauben, von einer ganz speziellen Form sein müssen. Dieser Schluß steht in Zusammenhang mit dem in Kapitel 4 erwähnten anthropischen Prinzip. Selbst wenn wir ohne weiteres die besondere *Gestalt* der physikalischen Gesetze akzeptieren, so bleiben bestimmte von Physikern als *Naturkonstanten* bezeichnete *numerische Einzelheiten* immer noch rätselhaft. Naturkonstanten sind feste Zahlen in mathematischen Gleichungen, welche die Gesetze der Physik beschreiben. Man stellt fest, daß die Existenz von Leben empfindlichst von den Werten solcher Naturkonstanten abhängt. In manchen Fällen würde eine winzige Abweichung dazu führen, daß Leben (wie wir es kennen) im Universum unmöglich wäre. Manche Wissenschaftler und Philosophen haben dazu bemerkt, die Naturkonstanten erschienen auf die Ermöglichung von Leben und Bewußtsein im Universum geradezu abgestimmt. Das Auftauchen von Leben und Bewußtsein hängt demnach nicht nur von der Form der physikalischen Gesetze ab – eine solche Form ist zum Beispiel die Beziehung zwischen dem Abstand zweier Körper und ihrer gegenseitigen Gravitationsanziehung –, sondern auch von bestimmten Zahlenwerten, die in die Gleichungen eingehen und bestimmen, was aus einer physikalischen Berechnung schließlich herauskommt. Solche Zahlen – zum Beispiel die Gravitationskonstante oder die Konstante der elektromagnetischen Kraft – müssen genau stimmen, damit Komplexität und, insbesondere, Leben entstehen kann.

Ein vielbeachtetes Beispiel für diese Beobachtung geht auf den britischen Astronomen Fred Hoyle zurück. In den fünfziger Jahren forschte Hoyle zusammen mit William Fowler am Rätsel der Entstehung der chemischen Elemente, der sogenannten *Nukleosynthese.* Ich möchte dazu kurz erwähnen, daß beim Urknall hauptsächlich Wasserstoff und Helium entstanden. Kohlenstoff, das Element, auf dem alles bekannte Leben aufbaut, gab es am Anfang kaum. Woher kommen dann all die heute bekannten Elemente wie Kohlenstoff, Sauerstoff, Eisen und so weiter? Sie entstehen in Sternen. Sterne sind nukleare Schmelztiegel, die Materie aller Art produzieren. Aus dem Wasserstoff und dem Helium des Urknalls bauen sie schwerere Elemente wie Kohlenstoff und Sauerstoff, bis zum Uran, zusammen.

Wir wollen uns nun auf den Kohlenstoff konzentrieren, das Leben spendende Element. Wie wird es von Sternen verbreitet? Man weiß heute, daß dies durch Explosionen geschieht. Das hört sich schlimm an – explodierende Sterne –, doch wenn sie nicht explodierten, dann gäbe es uns nicht, weil solche Explosionen das Hauptvehikel für die Verbreitung von Elementen wie Kohlenstoff und Sauerstoff im Universum sind. Der Staub, der von den vergangenen Sternen übrigbleibt, wird zum Rohmaterial für neue Sterne und Planeten. Eine Sternexplosion bezeichnet man als Supernova. Ein neueres Beispiel ist die Supernova 1987A, die 1987 in der Großen Magellanschen Wolke zu beobachten war.

Da Kohlenstoff als das Schlüsselelement für Leben und Bewußtsein zu gelten hat, wollen wir die physikalischen Prozesse, die zu seiner Erzeugung führen, ein wenig genauer betrachten. Kohlenstoffkerne entstehen im Innersten von Sternen, wenn drei Heliumkerne zusammenstoßen. Solche Kollisionen an sich sind in Sternen nichts Ungewöhnliches, doch das Zusammentreffen von drei Kernen zugleich ist sehr selten, so selten, daß die Kohlenstoffproduktion kaum der Rede wert wäre, käme nicht ein bemerkenswerter Zufall zu Hilfe. Die Häufigkeit von Kernreaktionen variiert stark mit der Energie (oder der Geschwindigkeit) der beteiligten Kerne. Gelegentlich gibt es bei einer bestimmten Energie einen kräftigen Anstieg in der Effizienz eines bestimmten Reaktionskanals, eine sogenannte *Resonanz.* Es hat sich herausgestellt, daß die Natur uns pflichtschuldigst eine solche Resonanz für die Helium-Dreifachkollision bei genau der Energie geschenkt hat, die der

Temperatur im Herzen von Sternen entspricht, so daß der Wirkungsgrad der Kohlenstoffproduktion erheblich höher ist als sonst. Die Gesetze der Physik und die Struktur der Sterne scheinen sich verschworen zu haben, die Kohlenstoffproduktion – einen gewöhnlich sehr unwahrscheinlichen Reaktionskanal – großzügig zu fördern.

Die enorme Verstärkung der Kohlenstoffsynthese wäre natürlich nutzlos, wenn der Kohlenstoff im nächsten Schritt der Nukleosynthese – das wäre der Zusammenstoß eines weiteren Heliumkerns mit dem Kohlenstoff, in dem Sauerstoff entsteht – wieder verbraucht würde. Als Zwei-Körper-Stoß ist diese Reaktion naturgemäß viel wahrscheinlicher als die Bildung von Kohlenstoff. Wenn es wieder eine Resonanz im entsprechenden Energiebereich gibt, sollte also sämtlicher Kohlenstoff in der Sauerstoffproduktion aufgehen. Eine solche Resonanz gibt es natürlich, doch die Natur ist uns wohlgesinnt und hat sie ein kleines bißchen neben die kritische Energie verlegt. Der größte Teil der Kohlenstoffkerne bleibt also unberührt. Wunderbar!

Und so geht es weiter. Was sind die notwendigen Bedingungen dafür, daß der Kohlenstoff in einer Supernova-Explosion in den Weltraum geblasen wird? Lauter glückliche Zufälle, lauter Beispiele für eine offensichtliche Feinabstimmung natürlicher Gegebenheiten. James Jeans hat einmal gesagt, wir bestünden aus der Asche längst vergangener Sterne. Ein interessanter Gedanke: Das Material, aus dem unsere Körper bestehen, ist im Inneren von Sternen produziert worden. Man denkt selten darüber nach, woher dieses Material eigentlich kommt, und nimmt an, die Stoffe seien einfach dagewesen. Doch alle wichtigen Elemente im menschlichen Körper stammen ursprünglich aus Sternen. Jedes Kohlenstoffatom in uns war einmal Teil eines Sterns, bevor es nach dessen Explosion die Reise durchs Universum antrat. Sie verstehen nun, warum sich Fred Hoyle, nachdem er die Kette von Zufällen erforscht hatte, ohne die dies nie geschehen wäre, zur Behauptung gedrängt fühlte, das Universum sei «eine abgesprochene Sache». Es scheint fast so, als wären die Struktur des Universums und die physikalischen Gesetze so arrangiert worden, daß sie zum Entstehen von Leben und Bewußtsein führen – und zu Astronomen, die darüber rätseln. Ich möchte auch erwähnen, daß Fred Hoyle seinerzeit die gesamte Nukleosynthese abgeleitet hat, ohne von der entscheidenden Kernresonanz zu wissen, die die Kernphysiker experimentell noch gar nicht entdeckt hatten. Hoyle sagte: Sie *muß* da sein, sonst gäbe es *uns* nicht. Die Kernphysiker schauten nach und fanden prompt die erforderliche Resonanz. Wir haben also den seltenen Fall, daß das anthropische Prinzip dazu benutzt wurde, eine physikalische Vorhersage zu treffen.

Bevor ich zu einem anderen Punkt komme, möchte ich noch ganz kurz ein weiteres solches Beispiel ansprechen. Ich nenne es *Dysons Diproton-Tod*, nach Freeman Dyson, der als erster darauf aufmerksam gemacht hat. Ich habe schon erwähnt, daß es im Universum zu Beginn fast nur Wasserstoff und Helium gab. Ein Teil des Heliums entstand unmittelbar nach dem Urknall (das *primordiale* Helium) und der Rest in der stellaren Nukleosynthese. Dyson schlug vor, man sollte sich einmal vorstellen, was passiert wäre, wenn die Bindungskräfte zwischen Protonen und Neutronen ein klein wenig stärker wären. In den ersten Minuten nach dem Urknall war die kosmische Materie ein sehr heißes, wildes Durcheinander aus freien Elementarteilchen. Wenn nun zwei Protonen zusammenstießen und sich unter Wirkung der in Dysons Gedankenexperiment vorausgesetzten stärkeren nuklearen Kraft verbanden, so mußte das dabei entstandene Diproton sofort wieder zerfallen, um das solidere System des Deuterons (des Kerns des Deuteriums oder «schweren Wasserstoffs») zu bilden, das aus einem Proton und einem Neutron besteht. Und wenn sich zwei Deuteronen nah genug kamen, so fusionierten sie bereitwillig zu einem Heliumkern. Dies wäre ein sehr effizienter Helium-Produktionsprozeß – bei weitem effizienter als der Prozeß, der die Heliumerzeugung in Sternen in Gang hält. Gäbe es in der Natur Diprotonen, dann wären alle Wasserstoffkerne (Protonen) im Urknall-Universum in der Heliumsynthese aufgegangen. Mit anderen Worten, es gäbe heute keinen Wasserstoff.

Im wirklichen Universum sind jedoch etwa 90 Prozent aller Atomkerne Wasserstoffkerne – zum Glück, denn für die Entstehung von Leben und Bewußtsein ist dieses Element doppelt nützlich. Zunächst scheint die Sonne (und alle sonnenähnlichen Sterne) aufgrund der Wasserstoff-Fusion. Die Sonne ist ein Fusionsreaktor. Ohne Wasserstoff gäbe es keine stabilen Sterne wie die Sonne. Und zweitens gäbe es ohne Wasserstoff kein Wasser und damit kein Leben, wie wir es kennen. Ohne Wasserstoff hätte sich im Universum vielleicht nie Bewußtsein entwickelt.

In der realen Welt kann es kein Diproton geben (sonst wären wir nicht hier), doch wie Dyson betont, wäre es *fast* anders gekommen. Die Stabilität des Diprotons hängt davon ab, wie verschiedene Kräfte einander die Waage halten. Auf der einen Seite gibt es die starke, anziehende Kernkraft, die Protonen zusammenbringen will. Auf der anderen Seite der Gleichung steht die elektrische Kraft, die bewirkt, daß Protonen einander abstoßen, da sie die gleiche elektrische Ladung tragen. Das Ergebnis dieses Tauziehens ist *fast* unentschieden. Die elektrische Abstoßung gewinnt nur ganz knapp. Wäre die Kernkraft nur wenige Prozent stärker, dann gäbe es wahrscheinlich heute niemanden, der das Universum bewundern könnte. Der Gedanke, wie empfindlich unser Dasein vom Gleichgewicht der Naturkräfte abhängt, muß ernüchternd wirken.

Man kann diese recht erstaunlichen Fakten auf verschiedene Weise interpretieren. Zum einen kann man sagen: «Ich habe es die ganze Zeit gewußt! Gott hat das Universum für uns geschaffen, und alles paßt sehr schön zusammen.» Doch damit würde sich kaum ein Wissenschaftler zufriedengeben. Eine andere Reaktion wäre: «Was soll's? Wäre nicht alles so, wie es ist, dann gäbe es uns nicht, und wir brauchten uns darüber nicht den Kopf zu zerbrechen. Es ist sinnlos, im nachhinein darüber zu streiten. Der Umstand, daß wir existieren, zeigt, daß Bedingungen geherrscht haben müssen, die zu unserer Existenz führen konnten. Es mag uns wundern, doch warum akzeptieren wir es nicht einfach als vollendete Tatsache?»

Als drittes kann man die Hypothese der «vielen Universen» heranziehen. Im Prinzip postulieren deren Anhänger, unser Universum sei nicht das einzige, sondern es gebe noch viele andere, jedes ein bißchen verschieden. Vielleicht existieren in einigen Universen Diprotonen, vielleicht sind in einigen die Stärkeverhältnisse zwischen den Naturkräften anders als in unserem Kosmos. Es könnte unzählige solcher Alternativuniversen geben, mit allen möglichen Kombinationen von Dingen und Gesetzen. Dann würde es nicht überraschen, wie mutwillig das Universum *uns* erscheint, da es schließlich die Welt ist, in der *wir* leben. Da wir in anderen Universen nicht überleben könnten, ist es wenig verwunderlich, daß wir sie auch nicht beobachten können. Nur solche Universen, die geeignet sind, Leben hervorzubringen, sind zu beobachten. Es handelt sich danach um ein Problem der Erkennbarkeit. Es gibt viele, viele Universen, doch nur ein winziger Bruchteil davon ist für uns erkennbar, weshalb uns unser eigenes so «besonders» vorkommt.

An dieser Erklärung gefällt mir nicht, daß sie sehr an andere Ad-hoc-Lösungen oder Wundertheorien erinnert. Die Einführung einer unendlichen Anzahl von Universen, nur um die scheinbaren Mutwilligkeiten in dem einen zu erklären, das wir sehen können, erscheint mir recht weit hergeholt. Mit Sicherheit verstößt sie gegen Occams Regel (nach der die Wissenschaft jene Erklärungen vorziehen sollte, die auf der geringsten Anzahl von Annahmen beruhen). Als Wissenschaftler versuche ich lieber zu verstehen, warum die Dinge in *diesem* Universum so sind, wie sie sind, anstatt mich in andere, unsichtbare Universen zu flüchten.

Nun möchte ich mich dem letzten Beweisglied für die fundamentale Natur des Bewußtseins zuwenden. Es betrifft die Frage, warum der Mensch in der Lage ist, die Natur zu «entschlüsseln». Diese Frage gehört zu einem tieferen Geheimnis, das wir als das «Mysterium der Rationalität» bezeichnen könnten. Warum ist uns die Natur verständlich? Warum erscheint uns die materielle Welt als eine rationale Anordnung von Dingen? Wenn wir die Welt um uns betrachten, sehen wir zunächst nur ein kompliziertes Durcheinander. Hier und da erkennen wir bestimmte Muster und gewisse Regelmäßigkeiten – in einer Schneeflocke, im Tagesrhythmus, in der Abfolge der Jahreszeiten usw. –, doch im allgemeinen sieht alles sehr kompliziert aus. Auf den ersten Blick scheint es, als hätten wir nicht die geringste Chance, irgendeine Ordnung in unsere Beschreibung der Welt zu bringen oder sie tiefer zu verstehen. Erst mit dem Aufstieg der Wissenschaft begannen wir, eine verborgene Ordnung, eine tiefere *Vernunft* aufzudecken, die sich in den Gesetzen der Physik manifestiert.

Wenn wir die Natur beobachten, sehen wir keine physikalischen Gesetze. Was wir sehen, sind die tatsächlichen Phänomene. Es bedarf einiger Anstrengung und einer Menge Tricks mit komplizierten Apparaten und raffinierter Mathematik, um die darunter verborgene Ordnung zu erkennen. Einer der

Gründe, weshalb ich die Wissenschaft für den sichersten Weg zu verläßlicher Erkenntnis halte, ist ihre Fähigkeit, diese verborgene Ordnung zu offenbaren, eine Ordnung, auf die wir nie gestoßen wären, wenn wir auf andere Denksysteme beschränkt geblieben wären. Es wird manchmal behauptet, Wissenschaftler läsen Ordnung in die Natur *hinein*, anstatt sie in ihr zu entdecken. Wissenschaftler zwängen der Natur für ihre Zwecke eine menschliche Ordnung auf. Dem kann ich nicht folgen. Ich bin überzeugt, wir entdekken oder enthüllen eine wirklich existierende Ordnung im Universum. Doch wie komme ich zu dieser Überzeugung? Zunächst glaube ich, daß eine von Menschen definierte Ordnung des Universums sich viel mehr an oberflächliche, alltägliche Phänomene halten würde. Statt dessen finden wir zu unserer Überraschung Schicht um Schicht immer tiefere Lagen von Ordnung. Betrachten wir nur die Teilchenphysik. Die meisten subatomaren Teilchen entstehen erst, wenn andere Teilchen kollidieren, und existieren nur für Bruchteile von Mikrosekunden. Und doch passen diese flüchtigen Objekte in Schemata, Gesetze und mathematische Gruppen, die den Wissenschaftlern zuvor unbekannt waren und von denen sie heute bestimmt nichts wüßten, wenn sie sich mit einer oberflächlichen Betrachtung der Welt begnügt hätten.

Es gibt also eine versteckte Ordnung, es gibt verborgene Gesetze. Dies ist es, was Heinz Pagels unter dem «kosmischen Code» verstand, als er Wissenschaftler als Codeknacker beschrieb, die komplizierte experimentelle Rohdaten durchforsten, um eine verborgene «Botschaft» zu finden. Ist es nicht erstaunlich, daß wir Menschen fähig sind, den kosmischen Code zu entschlüsseln und die verborgene Ordnung zu offenbaren? Ich finde es um so bemerkenswerter, da eine solche Fähigkeit im Sinne der Evolution keinen sichtbaren Überlebenswert hat. Dieser Punkt wird oft mißverstanden, deshalb möchte ich ihn besonders betonen. Kritiker werden sagen: «Offensichtlich hilft es uns beim Überleben, wenn wir uns ein geordnetes Bild von der Welt machen können. Wenn wir verstehen, was um uns vorgeht, können wir Pläne machen und Projekte durchführen. Wir können Raubtieren entkommen, Steinschlag ausweichen und Flüsse überwinden.» Dem stimme ich zu. Es bedeutet sicher einen Selektionsvorteil, über ein geordnetes Weltbild zu verfügen, doch dann bringt man zwei verschiedene Arten von Wissen durcheinander, die wir von der Welt haben.

Lassen Sie mich diesen Unterschied klarmachen, denn dies ist ein wichtiger Punkt. Was sehen wir eigentlich, wenn wir einen Apfel fallen lassen? Natürlich, einen fallenden Apfel. Das ist sehr nützlich, denn dann können wir versuchen, ihn aufzufangen, oder, wenn er uns auf den Kopf zu fallen droht, ihm auszuweichen. So oder so, unsere Erfahrung des fallenden Apfels könnte als direktes oder phänomenologisches Wissen bezeichnet werden – Wissen um das Auftreten eines bestimmten Phänomens. Diese Art Wissen teilen wir mit den anderen Geschöpfen dieser Erde. Auch Tiere können Dinge fangen oder ihnen ausweichen, und zumindest im Falle des Apfels wäre es, wie ich meine, ziemlich einfach, eine Maschine zu erfinden, die das gleiche könnte. Solches direktes Wissen ist eben nicht sehr tief. Im Zusammenhang der Evolution ist es natürlich wichtig, und es ist kein Wunder, daß entsprechende Fähigkeiten bevorzugt wurden. Überraschend ist hingegen, daß es auch eine andere Art Wissen um das Phänomen des fallenden Apfels gibt, das man als *theoretisches Verständnis* des Prozesses umschreiben könnte. Wissen und Verstehen sind zwei ganz verschiedene Dinge. Wesentlich am Verstehen – zumindest wie ich es in der Wissenschaft erfahre – ist die Möglichkeit, den Fall des Apfels mit Hilfe von Newtons und anderen Gesetzen über ein Netzwerk von Erklärungen mit einem enormen Schatz anderer physikalischer Phänomene zu verknüpfen. So können wir erkennen, daß das Universum mehr ist als nur ein Sammelsurium isolierter Ereignisse und Prozesse. Es liegt eine tiefe, elegante mathematische Struktur zugrunde, die in ihrer abstrakten Begriffswelt alles vereint.

Es gibt also eine grundlegende rationale Ordnung, für die der Apfel nur ein Beispiel ist. Eine derart tiefe mathematische Einheit bliebe uns für immer verschlossen, wenn es keine Wissenschaft gäbe, und es ist erstaunlich, daß wir sie auch nur annähernd erfassen können, da solches Wissen keinerlei Überlebenswert zu besitzen scheint. Tatsächlich sind viele Gemeinschaften auf diesem Planeten jahrtausendelang ohne eine solche Basis theoretischen Wissens zurechtgekommen. Um so verblüffender ist es deshalb, daß die ganze Zeit über eine mathematische Fähigkeit im menschlichen Gehirn geschlummert hat, die uns erlaubt, die Natur zu entschlüsseln und das verborgene Netz der Regeln zu erkennen, nach denen das Universum funktioniert. Auf welche Weise auch immer diese erstaunliche Fähigkeit zum Vorschein kam, höchstwahrscheinlich geschah es vor sehr langer Zeit, vor Tausenden von Jahren, als die Struktur des menschlichen Gehirns ihre heutige Form erreichte. Die Fähigkeit, abstrakte, höhere Mathematik zu betreiben – die braucht man nämlich zum Entschlüsseln der Natur und zum Verschlüsseln der Gesetze der Physik –, hätte also für viele tausend Jahre oder gar Jahrzehntausende brachgelegen, bevor sie in dem ruhmreichen Unterfangen erblühte, das wir Naturwissenschaft nennen.

Die Bedeutung der Mathematik für unsere Beschreibung der Welt habe ich schon hervorgehoben. Der Physiker Eugene Wigner sprach von der «unmäßigen Effektivität der Mathematik in den Naturwissenschaften». James Jeans war etwas poetischer, als er verkündete: «Gott ist ein reiner Mathematiker!» Beide machen deutlich, daß der kosmische Code in mathematischer Sprache vorliegt. Wenn wir auf mathematische Weise die Natur enthüllen, kommt die prinzipielle Einfachheit, Eleganz und Einheit in den Gesetzen des Kosmos zum Vorschein. Werner Heisenberg sprach von der «fast beängstigenden Einfachheit und Ganzheit der Beziehungen, die die Natur plötzlich vor uns offenbart». Wir lesen nichts in die Natur hinein. Wir entdecken, wir sind überrascht und entzückt von der Ganzheit und Einheit mathematischer Form.

Lassen Sie mich kurz diese grundsätzliche Einheit diskutieren. Die Geschichte der Physik ist eine Geschichte fortschreitender Vereinheitlichung von Beschreibungen natürlicher Phänomene. Die Kräfte und Begriffe wie Raum, Zeit, Masse und Energie sind heute durch verschiedene, grundlegende Theorien verknüpft. In den letzten Jahren hat sich der Trend zur Vereinigung derart beschleunigt, daß manche meiner Kollegen glauben, wir stünden an der Schwelle einer vollkommenen Physik, der sogenannten «Theorie aller Dinge», in der sich alle Naturkräfte, alle Teilchen sowie Raum und Zeit in einem einzigen Beschreibungsschema, einer mathematischen Formel vereinigten, die so machtvoll und kompakt wäre, daß man sie auf T-Shirts drucken würde.

Man unterscheidet zwischen vier fundamentalen Naturkräften: Elektromagnetismus, Gravitation und die ebenfalls schon erwähnten Kernkräfte, von denen es zwei Arten gibt. Es ist ein alter Traum der Physiker, zu beweisen, daß die vier anscheinend unabhängigen Kräfte in Wirklichkeit vier Aspekte einer einzigen «Superkraft» sind. Schließlich ist es seltsam, daß die Natur sich ausgerechnet für vier Kräfte entscheiden sollte. Warum vier? Warum nicht drei oder siebenundzwanzig? Warum nicht genau eine?

Beim Versuch, die vier Kräfte zu einer Gesamtkraft zu vereinigen, setzen einige ihre Hoffnung in die *Superstring-Theorie*, die von der Hypothese ausgeht, das Universum bestünde aus winzigen, vibrierenden, in Schleifen gelegten Fäden oder Saiten. Wenn auch nicht sicher ist, ob die Superstring-Theorie der richtige Weg ist, so herrscht doch ziemlicher Optimismus, daß wir uns der entscheidenden Phase in der Suche nach einer fundamentalen Einheitlichkeit der Natur nähern. Wir wären dann eines Tages in der Lage, alle Kräfte und Teilchen mit einer einzigen magischen Formel zu behandeln.

Alles beruht also auf den Gesetzen der Physik. Diese bemerkenswert kunstvollen Gesetze erlauben auch, daß Materie sich bis zu dem Punkt selbst organisiert, wo Bewußtsein entstehen kann. Materie gebiert Geist, und das erstaunlichste Produkt des menschlichen Geistes ist die Mathematik. Das ist das Verblüffende. Mathematik existierte nicht einfach und mußte nur entdeckt werden. Sie ist ein Geschöpf des menschlichen Geistes. Und wo ist Mathematik am wirkungsvollsten? In Teilchenphysik und Astrophysik, Gebieten der Grundlagenforschung, die unserer alltäglichen Erfahrung weit, weit entrückt sind und im Vergleich zum menschlichen Gehirn am entgegengesetzten Ende der Komplexitätsskala zu stehen scheinen. Ein Produkt des komplexesten Systems, das wir kennen, des menschlichen Gehirns, findet also eine Verbindung zur Ebene der einfachsten, fundamentalsten Dinge, der elementaren Bausteine, aus denen die Welt besteht.

Dies ist eine verblüffende und unerwartete Erkenntnis, die meiner Ansicht nach nahelegt, daß unser Bewußtsein und unsere Begabung für Mathematik nicht einfach Zufälle sein können, kein unbedeutendes Detail oder Abfallprodukt der Evolution, das als «Extra» mit anderen, eher begreiflichen Eigenschaften geliefert wurde. Ich sehe hier den «kosmischen Draht», die Existenz einer tiefen Beziehung zwischen dem Geist, der Mathematik beherrscht, und den Elementargesetzen der Natur, die ihn hervorgebracht haben. Der Kreis schließt sich. Die Gesetze der Physik produzieren komplexe Systeme, die ihrerseits zu Bewußtsein führen, das wiederum Mathematik erschafft, mit der es auf kompakte und schöpferische Weise die Gesetze faßt, durch die es entstanden ist. Weiter können wir uns fragen, warum solch einfache mathematische Gesetze dennoch das Auftauchen genau der Art von Komplexität erlauben, die zur Entstehung von Geist – Geist und Mathematik – führt, der diese Gesetze auf einfache und elegante Weise beschreibt. Es ist verrückt. Wie gesagt, man könnte fast an eine Verschwörung glauben.

Aus allem, was ich dargelegt habe, ziehe ich den Schluß, daß Bewußtsein kein trivialer Zufall ist, sondern ein fundamentales Merkmal des Universums, ein natürliches Produkt des Wirkens von Naturgesetzen, mit denen es auf tiefe und bis heute geheimnisvolle Weise verknüpft ist. Lassen Sie mich noch einmal warnen: Ich sage nicht, die Spezies *Homo sapiens* sei durch die Gesetze der Natur vorbestimmt. Die Welt ist nicht für uns erschaffen. Wir sind nicht der Mittelpunkt der Schöpfung. Wir sind nicht die wichtigste Sache im Universum. Wir sind jedoch auch nicht vollkommen unbedeutend. Einer der deprimierenden Umstände, welche die Wissenschaft der letzten drei Jahrhunderte begleitet haben, ist die Art, wie sie den Menschen in den Hintergrund gerückt und ihn dadurch dem Universum, in dem er lebt, entfremdet hat. Ich bin überzeugt, wir haben einen Platz im Universum – nicht in der Mitte, doch auch nicht am Rand. Wir spielen eine wichtige Rolle.

Niemand hat dieses Empfinden besser ausgedrückt als Freeman Dyson in folgenden, wie ich meine, großen Worten: «Ich fühle mich nicht fremd in diesem Universum. Je länger ich es betrachte und seine Konstruktion studiere, desto mehr sehe ich bewiesen, daß das Universum von unserer Ankunft gewußt haben muß.»

Wenn es zutrifft, daß das Bewußtsein ein fundamentales Phänomen ist und im natürlichen Wirken der universalen Gesetze eingebettet, dann ist zu erwarten, daß es auch anderswo vorkommt. Die Suche nach Außerirdischen stellt also die Weltsicht auf die Probe, die im Universum Fortschritt erkennt – Fortschritt nicht nur in der Weise, wie sich Leben und Bewußtsein aus urzeitlichem Chaos erhoben haben, sondern auch in dem Sinne, daß Geist im Universum eine fundamentale Rolle spielt. Nach meiner Meinung wäre eine der wichtigsten Folgen einer Entdekkung außerirdischen Lebens, daß der Mensch etwas von der Würde zurückgewönne, die ihm die Wissenschaft genommen hat. Der *Homo sapiens* würde durch eine solche Entdeckung nicht etwa als unbedeutende Kreatur im weiten Kosmos entlarvt. Im Gegenteil, die erwiesene Existenz außerirdischer Wesen gäbe uns Anlaß zu glauben, daß wir auf bescheidene Weise Teil eines umfassenden Prozesses kosmischer Selbsterkenntnis sind.

6

Außerirdischer Kontakt und religiöse Erfahrung

SETI wird gerne als typisches Projekt des Raumfahrtzeitalters betrachtet. Wie wir aber gesehen haben, finden sich der Glaube an außerirdische Wesen und die Suche nach ihnen schon in der Antike. Heute trennt man gewöhnlich zwischen dem Glauben an außerirdische Lebensformen und dem Glauben an übernatürliches oder religiöses Dasein – mit anderen Worten, zwischen Außerirdischen und Engeln. Doch dies war nicht immer so. Für den größten Teil der Menschheitsgeschichte war «der Himmel» buchstäblich das Reich der Götter. Wesen, die dieses Reich bewohnten, wurden normalerweise als übernatürlich angesehen.

Während E.T. nun fest im Reich der Wissenschaft, oder wenigstens der Science-fiction, verankert ist, hat SETI eine religiöse Dimension ganz dicht unter der Oberfläche. Viele Menschen finden Trost im Glauben, überlegene Himmelswesen würden über uns wachen und vielleicht eines Tages in unsere Angelegenheiten eingreifen, um uns vor menschlicher Torheit zu erretten.

Auch hat sich ein literarisches Genre entwickelt, das einen Zusammenhang zwischen menschlicher Spiritualität und Begegnungen mit Außerirdischen herstellt. Betrachten Sie zum Beispiel die Geschichten des Briten David Lindsay. In seiner *Reise zum Arktur* macht sich die Hauptfigur, Maskull, nach einer übernatürlichen Erscheinung in einer Séance auf den Weg zu den Sternen. Als er seinen Bestimmungsplaneten in einer Umlaufbahn um Arktur erreicht, begegnen ihm verschiedene menschenähnliche Wesen, und er hat Übungen der Selbstentdekkung zu absolvieren, im Stile von John Bunyans *Die Pilgerreise*.

Die Geschichte des Ufo-Glaubens zeigt deutlich die enge Verknüpfung zwischen Begegnungen mit Außerirdischen und übernatürlichen Erscheinungen. Der Begriff Ufo oder «fliegende Untertasse» geht auf die späten vierziger Jahre zurück. Solche Objekte werden typischerweise als metallische, fliegende Scheiben beschrieben, manchmal mit Ausbuchtungen oder Ladeluken. Nach solchen Beschreibungen führen Ufos unglaubliche Manöver aus, wobei sie zuweilen von gespenstischem Glühen oder strahlendem Licht begleitet werden, und weisen auch sonst sämtliche Merkmale der gerade modernsten Luftfahrttechnik auf.

In einer besonderen Gruppe von Fällen haben Zeugen ihre Begegnungen mit Ufos am Boden und ihre Kontakte mit fremden Wesen beschrieben. Die Ufo-Insassen sind ihrer Erscheinung nach fast immer mehr oder weniger menschenähnlich, wenn auch in der Größe zwischen Zwerg und Riese alles schon vorgekommen sein soll. Die Zeugen beschreiben ein Gefühl der Ohnmacht angesichts deutlich überlegener Wesen. Die Außerirdischen sind manchmal

Schurken, manchmal Wohltäter. Besonders interessant sind die Fälle, in denen Zeugen behaupten, die Außerirdischen hätten sie an Bord ihres Raumschiffs genommen. Oft wird das Wort «Entführung» benutzt, und zuweilen kann sich der Zeuge nicht erinnern, was dann im Ufo passierte. In ein oder zwei Fällen haben jedoch Zeugen unter Hypnose ausgesagt, sie seien medizinischen Tests unterzogen oder gar geschwängert worden.

Nach meinem Gefühl reden die Zeugen in solchen Fällen über echte Erfahrungen (das heißt, sie lügen nicht), doch die Erfahrungen sind weitgehend subjektiver Natur und spiegeln tiefsitzende menschliche Sehnsüchte und/oder Ängste quasispiritueller Art. Zwischen Ufo-Berichten und Beschreibungen von Erscheinungen der Fatima-Klasse läßt sich kein klarer Unterschied ausmachen. Was wir in der Ufo-Kultur sehen, scheint in einer dem Raumfahrtzeitalter angemessenen quasitechnischen Sprache Ausdruck eines uralten Glaubens ans Übernatürliche zu sein, der in allen Kulturen zum unauslöschlichen Bestandteil der Überlieferung geworden ist.

So fällt es nicht schwer, Berichte über Raumschiffe mit menschenähnlichen Astronauten bis in die Antike zurückzuverfolgen, wo sie nahtlos in Religion oder Aberglauben übergehen. Betrachten Sie zum Beispiel die vielen Bibelgeschichten von Engeln, die vom Himmel herabsteigen, von Menschen, die dorthin aufsteigen, und von fliegenden Kampfwagen. Der faszinierendste biblische Bericht dieser Art ist vielleicht der von Hesekiel, der eine Begegnung mit vier sich im Fluge drehenden, radförmigen Objekten «voller Augen» beschreibt, aus denen Gestalten «menschlichen Angesichts» traten. Dies liest sich wie ein Zitat aus einem modernen Ufo-Bericht, obwohl es normalerweise nur im religiösen Kontext interpretiert wird.

Natürlich ist diese Kontinuität zwischen antiken und modernen Erwähnungen mysteriöser Flugmaschinen auch der Ufo-Gemeinde nicht entgangen. In vielen Büchern wird behauptet, die Erde sei Ziel fortgesetzter Besuche und Beobachtung durch Außerirdische, und viele der antiken Geschichten über Engel, Teufel und andere quasimenschliche Wesen seien in Wirklichkeit Berichte über außerirdische Besucher. Erich von Däniken versucht in seinen Büchern, die antike Überlieferung von Höhlengemälden bis zur Bibel im Ufo-Sinne neu zu interpretieren; sie wurden Bestseller, obwohl unabhängige Forscher sie weitgehend für Unsinn erklärten. Immerhin zeugt der Erfolg solcher Bücher von der Bereitschaft vieler Menschen, in Göttern außerirdische Wesen zu sehen.

Eine der frühesten Ufo-Geschichten der Moderne geht auf einen gewissen George Adamski zurück, einen Frittenkoch aus Mount Palomar, nicht weit von dem berühmten Observatorium. Adamski erzählte von seiner Begegnung mit einem Außerirdischen, die sich, wie er behauptete, in den frühen fünfziger Jahren in der Mojave-Wüste zugetragen haben soll. Der Außerirdische, angeblich von der Venus (benannt nach der Göttin der Liebe!), sah der europäischen Vorstellung von Jesus Christus verblüffend ähnlich, mit langem, blondem Haar, hochgewachsen und mit freundlichen Zügen. Er strahlte Liebe und Barmherzigkeit aus und äußerte (telepathisch) seine Sorge wegen der kriegerischen Natur der Menschheit. Adamski belegte seine Geschichte mit Fotos, die deutlich das fremde Raumschiff zeigten, wenn auch bedauerlicherweise nicht den Außerirdischen selbst. Man konnte Luken sehen, ein Fahrgestell und andere Konstruktionsdetails. Allgemein war man ziemlich überzeugt, daß es sich um Fotos von einem Lampenschirm handelte, doch Adamski brachte es dennoch zu weltweiter Berühmtheit. Er hatte sogar einen Auftritt in dem ansonsten sehr trockenen BBC-Magazin *Panorama.*

Das Motiv des menschenfreundlichen und liebenswürdigen humanoiden Außerirdischen wurde von Steven Spielberg in seinen erfolgreichen Filmen *Unheimliche Begegnung der dritten Art* und *E.T.* aufgegriffen. Wenn auch nicht gerade Christus-gleich, so erschienen Spielbergs Außerirdische doch in einer gleißenden Aura und verfügten über eine übermenschliche Gelassenheit, die an biblische Begegnungen mit Engeln erinnert. Die Bildersprache in der *Unheimlichen Begegnung* ist in großen Teilen als bunyanesk zu bezeichnen, besonders gegen Ende des Films, wenn das Mutterschiff majestätisch und prächtig beleuchtet wie John Bunyans Himmlische Stadt über den Bergen erscheint. Die ganze Erzählung hindurch bestimmen die Außerirdischen die Agenda. Privilegierte Menschen zieht es psychologisch und mit religiöser Macht zum Teufelsberg, wo es nach vielen Prüfungen, Trübsal und Zweifeln zu der ersehnten Begegnung kommt. Die Ähnlichkeiten mit Bunyans *Pilgerreise* sind frappierend.

Der französische Raumfahrtingenieur Jacques Vallée hat die Zusammenhänge zwischen antiker Folklore, religiösen Glaubenssystemen und modernen Ufo-Berichten eingehend studiert. Er behauptet, jüngere Beschreibungen von Ufos und ihren Insassen seien nicht mehr als die moderne Variante eines Erfahrungskomplexes, der die volkstümlichen Überlieferungen aller Kulturen durchdringt. Ebenso kam Carl Gustav Jung zum Schluß, die fliegenden Untertassen seien lediglich eine moderne Manifestation archetypischer Symbole, die über alle Zeitalter hinweg in Träumen, Visionen und religiösen Erscheinungen aufgetaucht seien.

Ich will hier nicht den Wahrheitsgehalt von Ufo-Berichten untersuchen oder mögliche Erklärungen für solche «Sichtungen» aufzählen. Ich möchte nur bemerken, daß sehr wenige Wissenschaftler derartige Berichte als Hinweis auf die Existenz außerirdischer Wesen ansehen. Mehr beschäftigt mich das Ausmaß, in dem die heutige Suche nach außerirdischem Leben letztlich Teil eines uralten religiösen Strebens ist. Das Interesse an SETI in der breiten Öffentlichkeit entspringt, so behaupte ich, zum Teil dem Bedürfnis, für unser Leben einen umfassenderen Zusammenhang zu finden, als ihn die irdische Existenz uns geben kann. In einer Zeit, wo konventionelle Religion im Niedergang ist, bietet der Glaube an unendlich überlegene Außerirdische irgendwo draußen im Universum ein gewisses Maß an Trost und Ermutigung für Menschen, denen ihr Leben sonst langweilig und sinnlos erschiene.

Dieses Gefühl, an einer religiösen Suche teilzuhaben, haben auch manche Wissenschaftler, obwohl sich die meisten als Atheisten bekennen. Einer der wortgewaltigsten SETI-Verfechter ist der Astronom Carl Sagan. In seinem Roman *Contact* beschreibt er den Erfolg einer großangelegten Suche nach außerirdischen Radiosignalen. Nach dem Empfang einer Nachricht bauen Wissenschaftler ein Raumschiff und reisen ins Zentrum der Milchstraße, um sich mit den Außerirdischen zu treffen. Aufgrund dieser Begegnung wird die Menschheit in weitreichende Geheimnisse um die Natur des Kosmos eingeweiht. Unterschwellig klingt die gesamte Erzählung hindurch an, das Universum als Ganzes sei Resultat intelligenter Planung, und unsere außerirdischen Freunde deuten an, dieser Plan sei der innersten Struktur des Universums gleichsam aufgeprägt. Die Außerirdischen spielen also ihre traditionelle Rolle als Engel, als Vermittler zwischen der Menschheit und Gott, die uns verschlüsselte Wege zu okkultem Wissen über das Universum und die menschliche Existenz weisen.

Eine ähnliche Sicht der Außerirdischen als «Zwischenstation» auf dem Weg zu Gott vermittelt der Astronom Fred Hoyle in seinem Sachbuch *The Intelligent Universe.* Hoyle argumentiert darin, das Leben habe nicht auf der Erde begonnen, sondern sei im gesamten Universum verbreitet. Nach Hoyle kam Leben auf die Erde, als Mikroorganismen aus dem Weltraum auf unseren jungfräulichen Planeten prasselten und die Bedingungen geeignet fanden, sich hier anzusiedeln. Was den eigentlichen Ursprung dieser Organismen betrifft, lehnt Hoyle die Theorie, sie seien spontan als Ergebnis zufälliger physikalischer und chemischer Prozesse entstanden, entschieden ab. Als Begründung verweist er auf die große Zahl anscheinend glücklicher Fügungen bezüglich bestimmter Zahlenfaktoren in den Naturgesetzen, ohne die Leben nie hätte gedeihen können (die sogenannten *anthropischen Koinzidenzen*), und sieht bei der Entstehung des Lebens die Hand eines intelligenten Planers im Spiel.

Hoyle deutet die Existenz fortgeschrittener Wesen an, die es unternommen hätten, in unserer kosmischen Nachbarschaft die recht einzigartigen Bedingungen zu schaffen, die für Leben auf Kohlenstoffbasis notwendig sind. Diese fremden Wesen ähneln in ihrer Funktion Platons Demiurg (dem Weltschöpfer), dessen biologische Geschicklichkeit zwar eindrucksvoll, doch in mancher Hinsicht unvollkommen ist. Hoyle beschreibt daher eine noch viel mächtigere «Superintelligenz», die die Planung von zeitloser Warte (dem Omegapunkt?) in unendlicher Zukunft aus leitet. Die «Handwerker-Außerirdischen» stehen also in ähnlicher Beziehung zu Hoyles Superintelligenz wie der Demiurg zu den Göttern oder zu Gott. Hoyle gesteht auch unumwunden, er habe sich nicht von jüdischer, sondern von griechischer Theologie inspirieren lassen.

Das machtvolle Motiv der Außerirdischen als Vermittler zum Allerhöchsten – vorgebracht in Form einer Erzählung oder auch als ernstgemeinte Kosmologie – berührt die menschliche Psyche zutiefst. Seine Anziehung scheint darin zu liegen, daß der Mensch Zugang zu höherem Wissen gewinnt, wenn er mit überlegenen Wesen in Kontakt tritt, und daß die daraus resultierende Erweiterung unseres Horizonts uns in gewissem Sinne Gott einen Schritt näher bringen würde.

Die Suche nach außerirdischen Wesen ist sowohl Teil herkömmlichen religiösen Strebens als auch wissenschaftliches Projekt. Dies sollte uns nicht überraschen. Schließlich hat Wissenschaft als Ableger der Theologie begonnen, und jeder Wissenschaftler, Atheist oder nicht und ganz gleich, ob er an die Existenz außerirdischer Wesen glaubt, akzeptiert ein im Grunde theologisches Weltbild. Wie wir gesehen haben, zieht man erst seit diesem Jahrhundert eine Trennlinie zwischen den wissenschaftlichen und religiösen Aspekten des Problems. Doch diese Linie ist hauchdünn.

Anhang 1

Das Projekt Phönix

Die Idee, mit Radioteleskopen auf außerirdische Botschaften zu lauschen oder den außerirdischen Funkverkehr abzuhorchen, geht auf die zwanziger Jahre zurück. Die hohe Empfindlichkeit von Radioempfängern und die Existenz eines elektromagnetischen «Fensters» für Radiofrequenzen in unserer Atmosphäre prädestinieren diese Technik für einen solchen Versuch geradezu.

Ein Pionier der Suche nach außerirdischer Intelligenz mit Hilfe des Radios war der amerikanische Astronom Frank Drake. Er stellte eine berühmte mathematische Formel auf – die Drake-Gleichung –, mit der man die Anzahl der technischen Zivilisationen abschätzt, die es in unserer Galaxis geben könnte. Jeder Faktor in dieser Gleichung steht für die Wahrscheinlichkeit, daß eine Zivilisation eine bestimmte Stufe der Evolution erreicht. Die Zahlenwerte sind jedoch höchst spekulativ. Die besagten Faktoren sind:

- die mittlere Rate der Sternentstehung,
- der Anteil der stabilen und langlebigen Sterne,
- der Anteil solcher «guten» Sterne, die Planeten besitzen,

- die wahrscheinliche Anzahl von Planeten, die man als erdähnlich bezeichnen kann,
- der Prozentsatz der erdähnlichen Planeten, auf denen sich Leben entwickeln wird,
- der Anteil der Biosphären, die Intelligenz hervorbringen,
- der Bruchteil intelligenter Spezies, die eine technische Gesellschaft entwickeln, und schließlich
- die durchschnittliche Lebensdauer technischer Zivilisationen.

Multipliziert man alle diese Faktoren, so erhält man eine Schätzung der derzeitigen Anzahl kommunikationsfähiger Gemeinschaften in unserer Galaxis. Da Schätzungen für die genannten Faktoren einer weiten Streuung unterliegen, variiert das Endresultat zwischen 0 und vielen Milliarden. Manche Forscher haben argumentiert, sämtliche Faktoren bis auf den letzten lägen in der Gegend von 1. Die Drake-Gleichung wäre dann eine handliche Faustregel, die besagt, daß die Anzahl der technischen Zivilisationen pro Galaxie etwa der durchschnittlichen Verweildauer solcher Zivilisationen in Jahren entspricht. Wenn zum Beispiel eine typische Zivilisation Kernwaffen etwa zur gleichen Zeit wie Radioteleskope entwickelt und sich bald danach selbst in die Luft jagt, dann gibt es zur Zeit nur eine Handvoll kommunikationsfähiger Gesellschaften. Wenn die Katastrophe dagegen normalerweise vermieden werden kann und Zivilisationen Millionen von Jahren überleben können, dann gibt es Millionen solcher Gemeinwesen allein in unserer Galaxis. SETI-Anhänger müssen sich schon für die optimistischere Annahme entscheiden, wenn sie je erfolgreich sein wollen.

Die beiden Hauptschwierigkeiten des SETI-Projekts sind die ungeheure Anzahl der Zielsterne, die zu überprüfen sind, und der große Bereich der möglichen Frequenzen, auf denen uns ein Signal erreichen könnte. Erste Versuche von Drake und anderen litten sehr unter diesem «Nadel-im-Heuhaufen»-Problem. Die Fortschritte in Elektronik und Computertechnik erlauben es jedoch mittlerweile, gleichzeitig viele verschiedene Frequenzen zu analysieren und die Messungen weitgehend zu automatisieren, was die Forschung erheblich vereinfacht. Das Projekt Phönix, das seit Februar 1995 läuft, ist eine auf fünf Jahre angelegte systematische Suche, bei der die neueste Technologie und Radioteleskope in verschiedenen Ländern eingesetzt werden. (Während der Niederschrift dieses Buches hat die US-Regierung ihre Unterstützung des Projekts abgebrochen, doch dank privater Fördermittel konnte es überleben.)

Die Astronomen haben entschieden, sich auf den Mikrowellen-Frequenzbereich zu konzentrieren, zwischen 1 und 3 GHz, wo das galaktische und atmosphärische Rauschen am geringsten ist. Bei niedrigeren Frequenzen ist das galaktische Untergrundrauschen (die sogenannte Synchrotronstrahlung) ein Problem, während auf höheren Frequenzen eine Menge Strahlungsenergie von Wasserdampf und Sauerstoff der Erdatmosphäre verschluckt wird. Innerhalb des gewählten Fensters liegen viele der «natürlichen» Frequenzen, die Außerirdische mit einer gewissen Wahrscheinlichkeit benutzen würden. Zum Beispiel ist 1,42 GHz die Frequenz, die ein kaltes, neutrales Wasserstoffatom abstrahlt. Dies ist eine charakteristische Strahlung, die allen Radioastronomen und hoffentlich auch ihren außerirdischen Kollegen bekannt ist. Jeder Außerirdische, der sich entschließt, eine Funkbotschaft zu senden, müßte wissen, daß die potentiellen Empfänger eine enorme Auswahl an Frequenzen vor sich haben, und deshalb für die Übertragung eine Frequenz von universaler Bedeutung wählen, um den Empfängern das Raten zu erleichtern. Wie der australische Physiker David Blair bemerkt hat, würden die Außerirdischen diese Frequenz möglicherweise durch eine charakteristische Zahl (zum Beispiel die Kreiszahl π) dividieren oder sie damit multiplizieren, als Zeichen von Intelligenz und um das Signal vom Untergrundrauschen abzuheben.

Weitere Unsicherheit wird durch den Umstand verursacht, daß die gesendete Frequenz eine andere sein wird als die zu empfangende, da die Bewegung der Erde relativ zu den Sternen eine Frequenzverschiebung (den Doppler-Effekt) bewirkt. Wenn der Absender mit seinen Signalen die Erde anpeilt, kann er die Frequenz so einstellen, daß die Verschiebung kompensiert würde, da er die Bewegung der Erde kennen sollte. Wenn es sich hingegen um eine Nachricht für den allgemeinen Gebrauch handelt, würde der Doppler-Effekt die Regel der natürlichen Frequenzen und charakteristischen Zahlen nutzlos machen.

Es gibt also keinen klaren Hinweis auf die zu erwartende Frequenz, und deshalb erscheint es am sichersten, einen großen Frequenzbereich abzutasten. Das Projekt Phönix setzt eigens konstruierte Computer ein, die simultan 56 Millionen Kanäle von jeweils 1 Hz Breite analysieren. Mit Programmen, die noch in der Entwicklung sind, hofft man dann, die gesuchten Signale aus dem Untergrund zu fischen. Am wenigsten Schwierigkeiten würde ein schmalbandiges Signal bereiten, das sofort auffiele. Es könnte auch sein, daß die Außerirdischen ihr Signal auf einer festen Frequenz senden, die sich jedoch durch die Bewegung ihres Planeten um ihre Sonne und den damit verbundenen Doppler-Effekt langsam verschiebt, und zwar in einer charakteristischen Weise, die automatisch registriert werden könnte. Wie auch immer, die SETI-Forscher werden sich mit möglichst geringem Geldeinsatz auf möglichst viele Eventualitäten vorbereiten müssen.

Kürzlich ist die Meinung geäußert worden, die Lasertechnik könnte gegenüber einer Funkbotschaft Vorteile haben. Auf den ersten Blick erscheint es nicht sehr vielversprechend, Lichtsignale aus der Umgebung eines Sternes zu senden, in dessen Licht sie eigentlich untergehen sollten, doch da Laserpulse sehr kurz und sehr eng gebündelt sein können, ist dies nicht unbedingt ein Problem. Nanosekunden-Pulse aus einem 200-Watt-Laser wären von Sternlicht unterscheidbar und könnten sich für interstellare Kommunikation als sehr nützlich erweisen. Solche Laser gibt es in jedem Labor, und sie sind sogar für Amateure bezahlbar.

Nach David Blairs Ansicht beruht das SETI-Programm auf fünf Annahmen:

1. Leben und Technik sind im Universum zwangsläufig und in großer Fülle vorhanden. Es ist zu vermuten, daß Leben, Intelligenz und Technik Teile eines gesetzmäßigen evolutionären Trends sind und daher kein äußerst unwahrscheinlicher Zufall, der sich nur auf der Erde ereignet hat.
2. Carters Argument, daß die zu erwartende Evolutionsdauer für intelligentes Leben die durchschnittliche Lebensdauer eines Sterns bei weitem übersteigt, ist zurückzuweisen zugunsten der Annahme, daß die Zeitspanne, nach der auf einem typischen Planeten Intelligenz entsteht, nur einen Bruchteil des Alters der Milchstraße ausmacht. Demnach könnte intelligentes Leben auf der Erde in einer beliebigen galaktischen Epoche erschienen sein. Vor allem wären wir nicht die erste intelligente Lebensform in unserer Galaxis.
3. Es gibt keine Superwissenschaft und keine interstellare Raumfahrt. Das traditionelle Science-fiction-Szenario setzt voraus, daß fortgeschrittene fremde Zivilisationen irgendwelche Superantriebe entwickeln und ihre Neugier befriedigen, indem sie bemannte Raumfahrt zwischen den Sternen unternehmen. Nach unserem gegenwärtigen Kenntnisstand stehen dem jedoch eine Reihe fundamentaler physikalischer Hindernisse im Wege. Die Entfernungen zwischen Sternen sind so groß, daß man auf Reisezeiten von Hunderten oder gar Tausenden von Jahren kommt. Die Lichtgeschwindigkeit ist die absolute Grenze jeder Geschwindigkeit; um auch nur in ihre Nähe zu kommen, wäre ein enormer Energieeinsatz notwendig. Es gibt noch

viele andere praktische Hindernisse für interstellare Raumfahrt. All dies beruht auf der Annahme, daß unsere gegenwärtigen physikalischen Theorien eine gute Näherung an die Wirklichkeit darstellen, das heißt, daß zukünftige, verbesserte Theorien an den grundlegenden Beziehungen zwischen Geschwindigkeit, Energie, Licht usw. nichts ändern werden.

4. Intelligente Wesen erkunden die Galaxis durch Datenaustausch. Anstatt riskante und kostspielige Raumfahrt zu betreiben, erachten sie einen Informationsaustausch mit anderen Zivilisationen als sinnvoller, um etwas über das Universum zu lernen. Außerirdische Gesellschaften werden also benutzerfreundliche Techniken entwickeln, wie zum Beispiel die Radioteleskopie, und sich an leicht zu erratende Frequenzen halten.
5. Der Galaktische Klub existiert und begrüßt Neuzugänge. Es ist anzunehmen, daß es ein seit langem etabliertes Netzwerk kommunizierender Zivilisationen gibt – den von Ronald Bracewell so getauften Galaktischen Klub, der aufstrebenden technischen Zivilisationen wie der unseren aktiv behilflich ist, Kontakt aufzunehmen. (Annahme 5 ist nicht unbedingt notwendig für einen Erfolg von SETI, da wir im Laufe unserer Lauschaktion ebenso auf Signale stoßen könnten, die nicht für uns bestimmt sind.)

Die Erfolgschancen des Projekts Phönix oder ähnlicher Suchaktionen sind gering. Doch wenn wir es nicht versuchen, werden wir nie erfahren, ob Botschaften einer fremden Zivilisation darauf warten, von uns empfangen zu werden. Wegen der potentiellen Bedeutung einer solchen Entdeckung erscheinen die Anstrengungen jedenfalls lohnend, selbst wenn die Aussichten auf Erfolg nahezu verschwindend sind. Frank Drake hat es so ausgedrückt: «Wir suchen nach einer Nadel im Heuhaufen, doch viele von uns haben das Gefühl, daß diese Suche vielleicht das Größte ist, was unsere Spezies unternehmen kann.»

Anhang 2

Zwillingswesen

In Kapitel 2 habe ich erwähnt, daß in einem unendlichen Universum eine unendliche Anzahl außerirdischer, menschlicher Wesen existieren könnte, sogar eine unendliche Anzahl von Wesen, die nicht von mir zu unterscheiden wären. In diesem Anhang werde ich diesen Schluß etwas ausführlicher ableiten. Die Argumentation beruht auf Ideen von G. F. R. Ellis und G. B. Brundrit von der Universität Kapstadt.

Zunächst ist es ein elementarer Satz der Wahrscheinlichkeitstheorie, daß 1. im Falle der Existenz einer unendlichen Menge identischer Systeme 2. sich jedes der (unendlich vielen) Glieder dieser Menge in einer benennbaren Anzahl von Zuständen befinden kann. Wenn 3. in der Menge ein gegebener Zustand A für eine bestimmte Zeit mit einer benennbaren Wahrscheinlichkeit vorkommt, dann ist mit Sicherheit (mit dem Erwartungswert 1) zu erwarten, daß sich zu jedem Zeitpunkt eine unendliche Anzahl der Mengenglieder im Zustand A befinden. Dies ist ein formaler Ausdruck der These: «In einem unendlichen Universum wird alles geschehen, was geschehen kann, und es wird unendlich oft geschehen.»

Nun sehen wir uns der Frage gegenüber, ob dieser Satz auf das Problem der Existenz bewußter Wesen im realen Universum anwendbar ist. Insbesondere, gilt das Theorem auch, wenn Zustand A «mein Körper» ist oder mein «Ich»? Da die Konsequenzen des Theorems in einer solchen Anwendung bizarr oder gar unangenehm erscheinen, lohnt es, genauer zu untersuchen, ob die Bedingungen für seine Gültigkeit im wirklichen Universum gegeben sind. Wir wollen die Bedingungen 1) bis 3) nacheinander betrachten.

Gibt es also eine unendliche Anzahl von Systemen, die in der Lage sind, lebende Organismen wie den Menschen hervorzubringen? Wenn das Leben ein Wunder ist, dann haben wir es nicht mehr mit einem Problem der Wahrscheinlichkeitstheorie zu tun, weshalb ich diesen Fall hier ausschließe. Im Falle, daß Leben ein irrsinnig unwahrscheinlicher Zufall ist, müssen wir jedoch präziser werden. Die Schlüsse des Theorems sind unabhängig davon, wie klein die Wahrscheinlichkeit für Zustand A ist, solange sie nicht 0 ist. Ob also die Entstehung von Leben äußerst selten ist oder praktisch der Normalfall, ändert prinzipiell nichts an den Folgen. In einer *unendlichen* Menge und bei einer Wahrscheinlichkeit für Zustand A von *genau 0* läßt sich die Anzahl der Elemente im Zustand A nicht vorhersagen, doch sie kann von 0 abweichen. Zum Beispiel könnte sich gerade ein Mitglied der Menge im Zustand A befinden. Überraschenderweise kann also die einfache Tatsache, daß wir existieren, nicht als Beweis dafür gelten, daß die statistische Wahrscheinlichkeit für die Entstehung von Leben größer als 0 ist. Ebensowenig läßt sich dann schließen, daß es in einem unendlichen Universum unendlich viele Duplikate von uns gäbe. Wir könnten tatsächlich in einem unendlichen Universum leben, doch unsere Existenz könnte durch einen physikalischen Prozeß verschwindender Wahrscheinlichkeit zustande gekommen sein. Unter solchen Umständen könnten wir einzigartig sein oder eine endliche Zahl von Doppelgängern besitzen. Welcher Fall zutrifft, kann darüber hinaus von Individuum zu Individuum variieren: Es mag eine Billiarde Albert Einsteins geben, aber nur einen Isaac Newton.

Im weiteren werde ich voraussetzen, daß die Prozesse und Bedingungen, die zur Entstehung von Leben geführt haben, in ihrer Wahrscheinlichkeit von 0 verschieden sind. Außerdem berufe ich mich auf das Prinzip der Gleichförmigkeit der Natur und auf das Kopernikanische Prinzip: Der Teil des Universums, den wir sehen können, ist typisch für das Ganze, sowohl in seinen Gesetzen als auch in Struktur und Inhalt – zumindest bezüglich der Eigenschaften, die zur Entstehung von Leben wie auf der Erde notwendig sind. Wir sind nicht sicher, was diese Eigenschaften sind, doch wir können vermuten, daß die Existenz eines Planeten wie der Erde und die Verfügbarkeit von Elementen wie Kohlenstoff dazugehören. Aufgrund unseres Wissens über andere Sonnensysteme und Galaxien erscheint die Annahme vernünftig, daß erdähnliche Planeten überall im Universum zu finden sind. Wenn das Universum zudem unendlich ist, dann gibt es auch unendlich viele solcher Planeten. Sind Bedingungen 2) und 3) ebenfalls erfüllt, so folgt schließlich: Es gibt eine unendliche Anzahl von Zwillingswesen.

Bevor wir diesen Schluß akzeptieren können, sollten wir jedoch die oben erwähnten Prinzipien etwas sorgfältiger untersuchen. Es sind natürlich Glaubenssätze, und als solche könnten sie falsch sein. Vielleicht hat die Region des Universums, in der wir leben, etwas Besonderes an sich, wenn es um die Erzeugung von Leben geht. Diese außergewöhnlichen Bedingungen könnten sich auf ein Gebiet bis jenseits der größten von uns beobachtbaren Entfernung erstrecken (jenseits des Teilchenhorizonts). Das Prinzip der Einförmigkeit und das Kopernikanische Prinzip mögen weitgehend gültig sein, doch nicht für das gesamte Universum. Natürlich wäre es nicht verwunderlich, daß wir uns in dieser atypischen Region befinden, eben weil die Bedingungen, die für die Entstehung von Leben notwendig sind, auf diese Region beschränkt sind. Außerhalb davon könnten wir nicht überleben – ein Beispiel des anthropischen Prinzips.

Wir wollen nun betrachten, auf welche Weise das Prinzip der Einförmigkeit der Natur versagen kann. Unter Umständen variieren die Gesetze der Physik auf einer bestimmten Größenskala (viel größer als der sogenannte *Hubble-Radius*, der etwa mit der Entfernung unseres Teilchenhorizonts zusammenfällt) von Region zu Region. Es ist hier auch zu berücksichtigen, daß manche physikalische Einzelheiten, die uns als Gesetze erscheinen, in Wirklichkeit auf Zufall beruhen könnten. Zum Beispiel ist denkbar, daß bestimmte Teilchenmassen und Kopplungskonstanten nicht ein für allemal festgelegt, sondern das Ergebnis spontaner, symmetrieverletzender Prozesse in der Frühzeit des Universums sind. Das Universum könnte dann eine Regionalstruktur haben, wobei manche Naturkonstanten in einer Region andere Werte haben als in der nächsten. Diese Möglichkeit ändert nichts an meinen Schlußfolgerungen, wenn man die wahrscheinlich vernünftige Annahme akzeptiert, daß die physikalischen Bedingungen für die Entstehung von Leben bestimmte (wenn auch begrenzte) Abweichungen in Naturkonstanten erlauben. Wenn nämlich diese Konstanten zufällig aus einem bestimmten Bereich gewählt sind, dann gibt es eine unendliche Anzahl kosmischer Regionen, wo die Werte so nah an den unseren sind, daß sie Leben ermöglichen. (Mein Argument versagt jedoch, wenn einer oder mehrere der Wertebereiche unendlich sind.)

Ebenso ist denkbar, daß die Gesetze der Physik sich im gesamten Universum langsam, aber stetig über einen unendlich weiten Bereich ändern und daß nur in einer einzigen begrenzten Region des Universums Naturkonstanten und/oder Gesetzesstrukturen gelten, die mit Leben vereinbar sind. In diesem Fall wäre unsere Menge (Bedingung 1) von endlicher Größe, und das Theorem wäre ungültig.

Als nächstes haben wir den Fall zu betrachten, daß das Prinzip der Einförmigkeit gilt, nicht aber das Kopernikanische Prinzip, wenn also der von uns beobachtbare Teil des Universums hinsichtlich Gehalt oder Struktur untypisch wäre. Betreffen diese Abweichungen Aspekte der Physik, die für die Entwicklung von Leben entscheidend sind, dann bricht das Doppelgänger-Argument zusammen. So könnte unsere Region des Universums eine Insel der Stabilität in einem ansonsten chaotischen Kosmos sein, oder es herrscht hier eine besonders geeignete Hintergrundtemperatur, besonders geringe kosmische Strahlung oder irgendeine andere aus einer langen Reihe denkbarer Begünstigungen. Wenn hingegen unsere Insel wiederum nicht «einzigartig» ist, dann behält das Theorem seine Gültigkeit. Man kann sich jedoch ohne weiteres Fälle vorstellen, in denen eine solche Einzigartigkeit gegeben wäre. Zum Beispiel könnte die Verteilung der Materie in unserer Region mehr oder weniger gleichmäßig sein, bis zu einer bestimmten Entfernung, ab der die Materiedichte auf 0 sinkt (oder abrupt abfällt, so daß wir von einem unendlichen Vakuum umgeben wären). Die Gesamtmenge an Materie im Universum wäre jedenfalls begrenzt.

Der allgemeine Schluß aus dieser Argumentation ist, daß es nach den meisten «vernünftigen», räumlich unendlichen kosmologischen Modellen eine unendliche Anzahl von Zwillingswesen geben sollte. Dieser Schluß erscheint vom philosophischen Standpunkt aus so strittig, daß wir uns überlegen könnten, ob Kosmologien, die ein endliches Universum erlauben, nicht vorzuziehen wären. (Ähnliche Argumente wurden gegen die sogenannte *Steady-state*-Theorie des Universums benutzt.) Die gegenwärtige astronomische Beweislage widerspricht wahrscheinlich nicht einem im räumlichen Sinne endlichen (geschlossenen) Universum, wenn auch unendliche (offene) Modelle bevorzugt werden.

Bibliographie

Barrow, John, und Tipler, Frank, *The Anthropic Cosmological Principle*, Oxford University Press, 1986

Billingham, John (Hg.), *Life in the Universe,* MIT Press, 1981

Blair, D. G., et al., «A Narrow-Band Search for Extraterrestrial Intelligence (SETI) Using the Interstellar Contact Channel Hypothesis», *Mon. Not. R. Astr. Soc.* **257**, 105, 1992

Cameron, A. G. W., *Interstellar Communication,* Benjamin Press, 1963

Carter, Brandon, «The Anthropic Principle and Its Implications», *Phil. Trans. R. Soc. London* **A 310**, 347, 1983

Cocconi, G., und Morrison, P., «Searching for Interstellar Communications», *Nature* **184**, 1959

Cohen, Jack, und Steward, Ian, *Chaos – Antichaos*, Byblos, 1994

Crick, Francis, *Das Leben selbst. Sein Ursprung, seine Natur,* Piper, 1983

Crowe, Michael, *The Extraterrestrial Life Debate 1750–1900,* Cambridge University Press, 1986

Davies, Paul, *Die letzten drei Minuten*, Bertelsmann, 1994

Davies, Paul, *Die Urkraft*, Deutscher Taschenbuchverlag, 1990

Davies, Paul, *Gott und die moderne Physik*, Bertelsmann, 1986

Dawkins, Richard, *Der blinde Uhrmacher*, Deutscher Taschenbuchverlag, 1990

Dick, Steven, *Plurality of Worlds: The Extraterrestrial Life Debate from Democritus to Kant,* Cambridge University Press, 1982

Drake, Frank, «Project OZMA», *Physics Today* **14**, 40, 1961

Drake, Frank, und Sobel, Dava, *Signale von anderen Welten*, Bettendorf, 1994

Ellis, G. F. R., und Brundrit, G. B., «Life in the Infinite Universe», *Quart. J. R. Astr. Soc.* **20**, 37, 1979

Feinberg, Gerald, und Shapiro, Robert, *Life Beyond Earth,* Morrow, 1980

Gould, Stephen J., *Zufall Mensch,* Hanser, 1991

Heidmann, J., *Extraterrestrial Intelligence,* Cambridge University Press, 1995

Heidmann, J., und Klein, M. J. (Hg.), *Bioastronomie,* Springer Verlag, 1991

Hoyle, Fred, *The Intelligent Universe,* Michael Joseph, 1983

Kauffman, Stuart, *The Origins of Order,* Oxford University Press, 1993

Peters, Ted, «Exo-Theology: Speculations on Extra-Terrestrial Life», *CTNS Bulletin* **14**, 3, S. 1, 1994

Sagan, Carl, *Communication with Extraterrestrial Intelligence,* MIT Press, 1993

Sagan, Carl, *Contact,* Droemer Knaur, 1986

Sagan, Carl, *The Cosmic Connection,* Doubleday, 1973

Shklovskii, I. S., und Sagan, Carl, *Intelligent Life in the Universe,* Holden-Day, 1966

Index